普通高等教育系列教材

工程制图习题集

第 2 版

刘文华　刘彤晏　张　尧　主　编

机械工业出版社

本习题集是作者根据多年教学和改革经验编写而成的，是刘彤晏、刘文华、王静娴主编的《工程制图（第2版）》教材的配套用书。本习题集内容编排与主教材基本一致，注重基础性、综合性和实用性，可满足机械类和近机械类专业不同学时的教学要求。全书共10章，主要内容有：制图的基本知识和基本技能、投影法基础、立体的投影、轴测图、组合体、机件常用的表达方法、标准件和常用件、零件图、装配图、AutoCAD 二维绘图等，可供高等院校本科、专科教学和相关科技人员参考使用。

图书在版编目（CIP）数据

工程制图习题集/刘文华，刘彤晏，张尧主编. —2版. —北京：机械工业出版社，2024.7（2025.7重印）
普通高等教育系列教材
ISBN 978-7-111-75367-4

Ⅰ.①工… Ⅱ.①刘… ②刘… ③张… Ⅲ.①工程制图-高等学校-习题集 Ⅳ.①TB23-44

中国国家版本馆 CIP 数据核字（2024）第 053903 号

机械工业出版社（北京市百万庄大街22号　邮政编码100037）
策划编辑：解　芳　　　　　　责任编辑：解　芳
责任校对：宋　安　李　婷　　　责任印制：单爱军
保定市中画美凯印刷有限公司印刷
2025年7月第2版第3次印刷
370mm×260mm·10.5 印张·256千字
标准书号：ISBN 978-7-111-75367-4
定价：45.00元

电话服务　　　　　　　　　网络服务
客服电话：010-88361066　　机　工　官　网：www.cmpbook.com
　　　　　010-88379833　　机　工　官　博：weibo.com/cmp1952
　　　　　010-68326294　　金　书　网：www.golden-book.com
封底无防伪标均为盗版　机工教育服务网：www.cmpedu.com

前 言

本习题集与刘彤晏、刘文华、王静娴主编的《工程制图（第2版）》教材配套使用。

本习题集是大连工业大学制图教研室全体教师总结了多年教学和改革经验编写而成的，其目的是使学生能够运用制图基础知识与技能、投影及投影法理论对空间形体作出正确理解，能够具有用二维图形表达三维空间形状的能力，能够绘制和阅读工程图样，具有独立分析问题、解决问题的能力。

本习题集配有部分三维模型二维码资源，可为学生提供自主学习的有利条件。本习题集充分注意尺规绘图和计算机绘图多种方式的有机组合，在尺规绘图训练的同时又加强了计算机绘图的训练力度。

本习题集全部采用现行的技术制图和机械制图国家标准编写。

本习题集的题量适当，选型合理，课后练习难度适宜，力求在学时较少的情况下，使学生得到较好的训练效果。

可针对专业特点，对本习题集的内容和顺序做适当的增删和调整。

本习题集由大连工业大学刘文华、刘彤晏、张尧主编，参编人员及其分工：大连工业大学王静娴（第1、4章）；张尧（第2、3章，第5章的5.1、5.5、5.6节）；刘文华（第5章的5.2~5.4节，第6、7章）；刘彤晏（第8、9章）；陈曦、孙亚丽（第10章）。

本习题集是在总结2010年以来多所院校编写的习题集基础上，充分吸收其他院校宝贵的教学经验编写而成的，在此向对本习题集给予细心指导和提出宝贵意见的同志们表示诚挚的谢意。

由于编者编写水平有限，疏漏之处在所难免，敬请读者批评指正。

编　者

目 录

前言
第1章 制图的基本知识和基本技能 1
 1.1 字体练习 1
 1.2 线型练习 1
 1.3 尺寸注法 2
 1.4 几何作图 2
 1.5 平面图形的尺寸标注 4
第2章 投影法基础 5
 2.1 投影法和三视图 5
 2.2 点的投影 6
 2.3 直线的投影 7
 2.4 平面的投影 8
 2.5 换面法 9
第3章 立体的投影 10
 3.1 平面立体的投影 10
 3.2 平面与平面立体相交 11
 3.3 曲面立体的投影及平面与曲面立体相交 13
 3.4 立体与立体相交 16
 3.5 立体的投影单元测验 17
第4章 轴测图 21
 4.1 根据两个视图，画出立体的正等轴测图 21
 4.2 根据两个视图，画出立体的斜二轴测图 21
第5章 组合体 22
 5.1 主题任务 22
 5.2 画组合体视图 23
 5.3 组合体的尺寸注法 25
 5.4 读组合体视图 26
 5.5 组合体构型设计 29
 5.6 组合体单元测验 30

第6章 机件常用的表达方法 34
 6.1 主题任务 34
 6.2 视图 36
 6.3 剖视图 37
 6.4 拓展训练 40
 6.5 断面图 42
 6.6 机件常用的表达方法单元测验 43
第7章 标准件和常用件 45
 7.1 螺纹 45
 7.2 常用螺纹紧固件 46
 7.3 齿轮 47
 7.4 键、销、轴承和弹簧 48
 7.5 标准件和常用件单元测验 49
第8章 零件图 51
 8.1 主题任务 51
 8.2 零件图的尺寸标注 53
 8.3 零件图的技术要求 54
 8.4 读零件图 56
 8.5 零件测绘 59
 8.6 零件图单元测验 61
第9章 装配图 64
 9.1 主题任务 64
 9.2 装配图的尺寸标注 70
 9.3 装配图中零部件序号和明细栏 72
 9.4 读装配图和拆画零件图 73
 9.5 装配图单元测验 76
第10章 AutoCAD 二维绘图 79
 10.1 AutoCAD 绘图环境的设置 79
 10.2 绘制平面图形 79

第1章 制图的基本知识和基本技能

班级_____ 姓名_____ 学号_____

1.1 字体练习

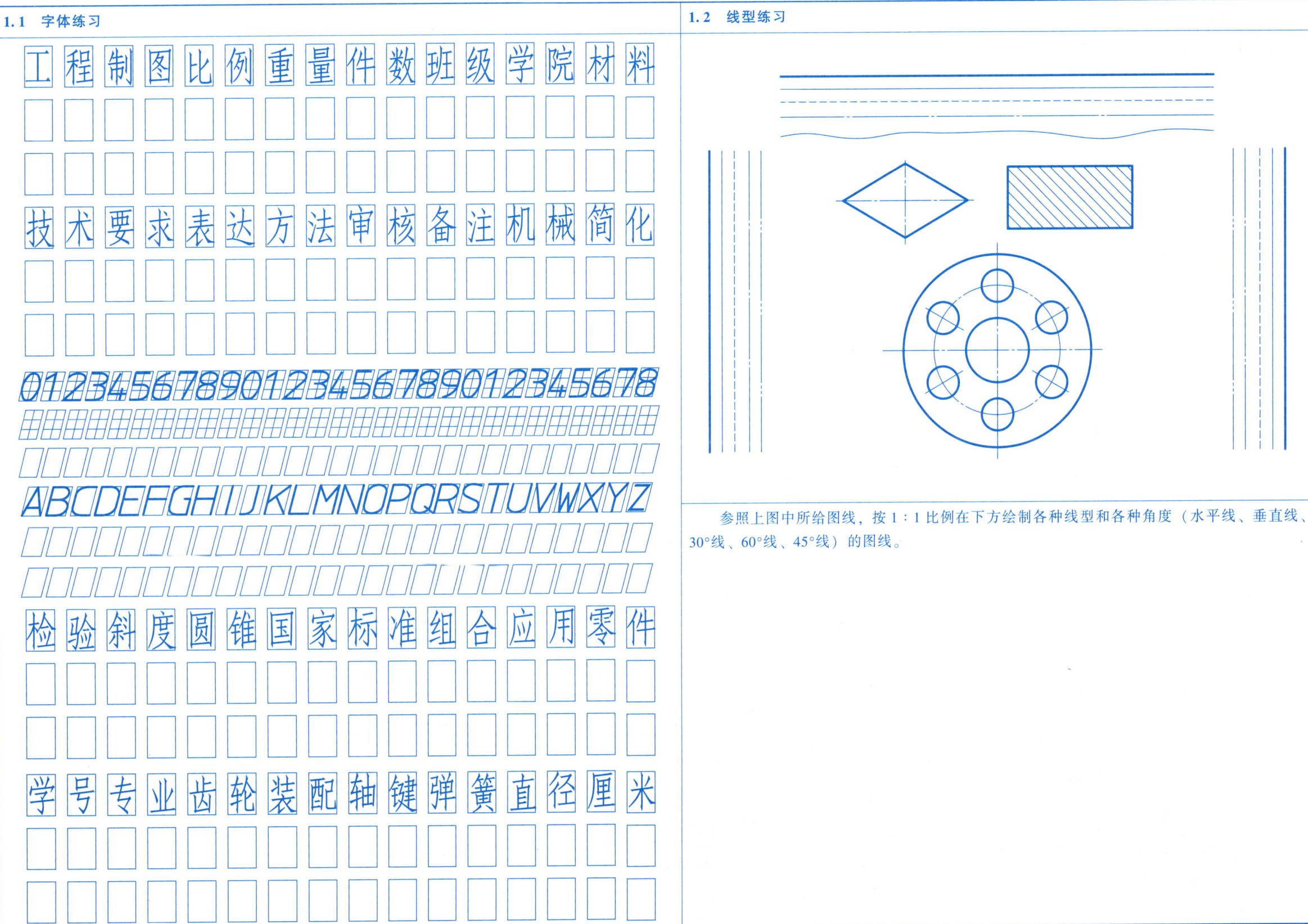

1.2 线型练习

参照上图中所给图线，按1∶1比例在下方绘制各种线型和各种角度（水平线、垂直线、30°线、60°线、45°线）的图线。

第 1 章 制图的基本知识和基本技能

班级_____ 姓名_____ 学号_____

1.3 尺寸注法

参照题中所给样图，标注下图尺寸。

①

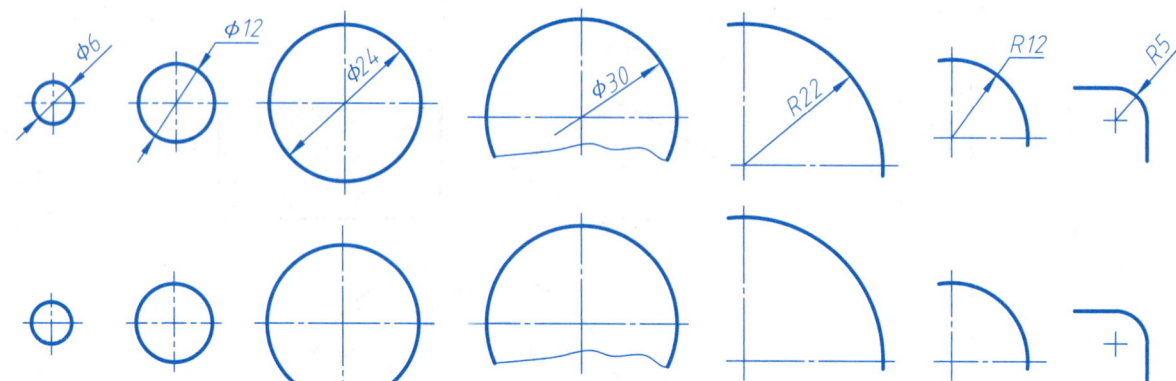

1.4 几何作图

1) 斜度的画法（参照所给图形的尺寸，在指定位置按 1:1 画出图形，并标注尺寸）。

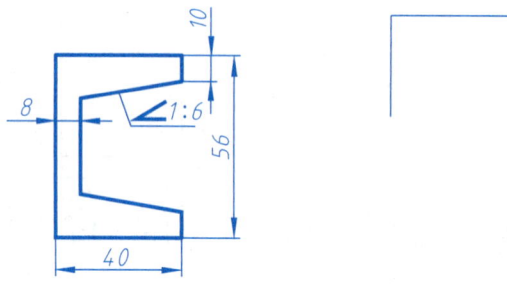

②

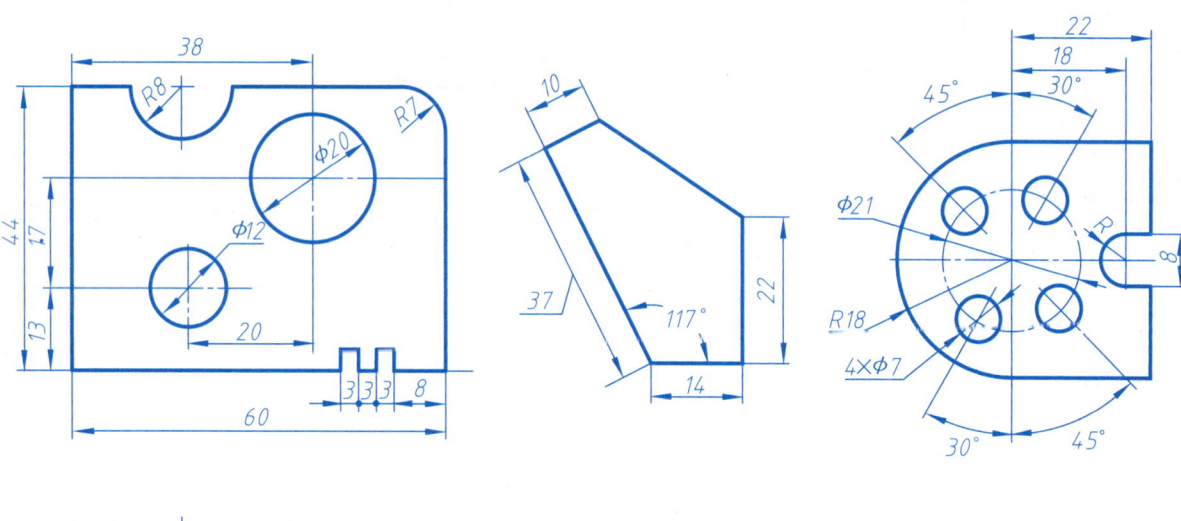

2) 锥度的画法（参照所给图形的尺寸，按 1:1 在下面画出图形，并标注尺寸）。

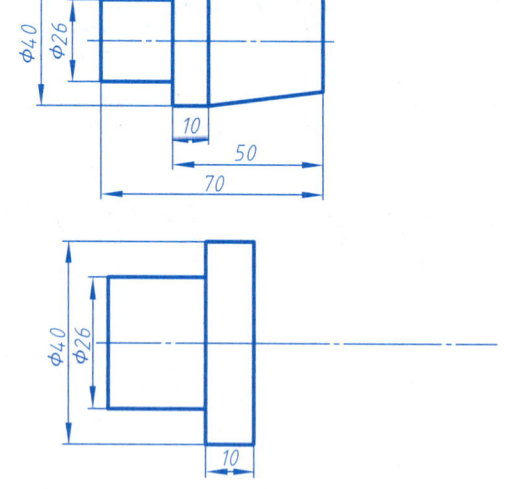

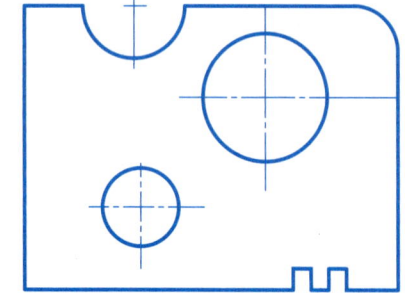 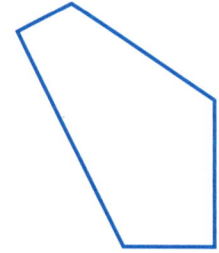 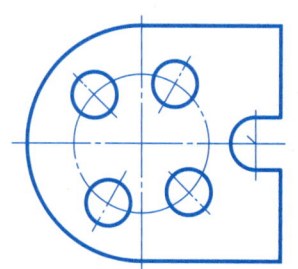

第1章 制图的基本知识和基本技能

班级_____ 姓名_____ 学号_____

1.4 几何作图

3）在下面两圆周内分别作出正六边形和五角星。

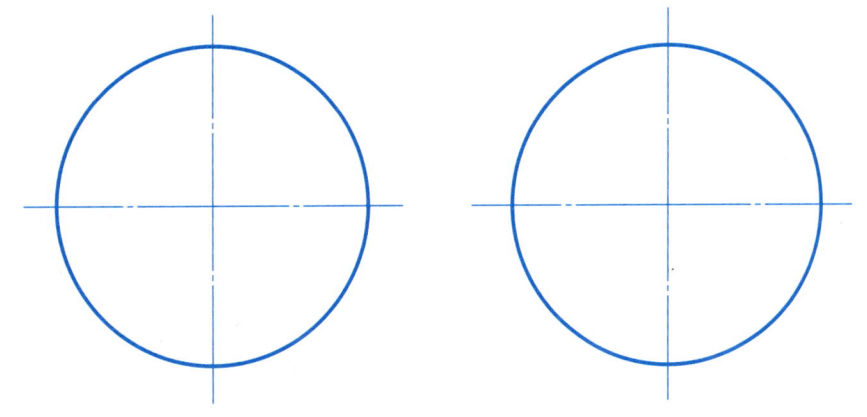

4）参照所示图形，按所给尺寸用1∶1的比例在指定位置处画出图形。

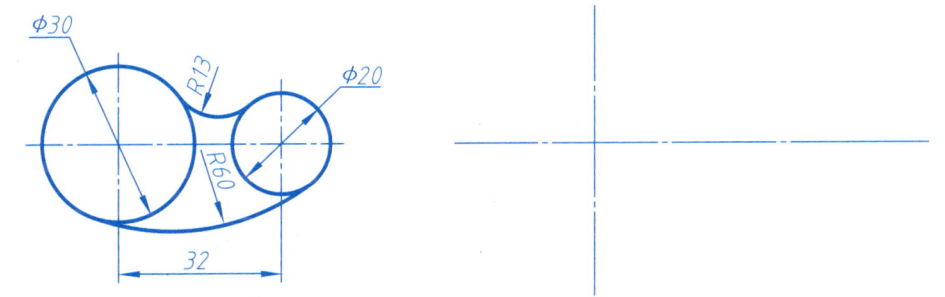

5）参照所示图形，按所给的圆弧尺寸把右侧图形补画完整。

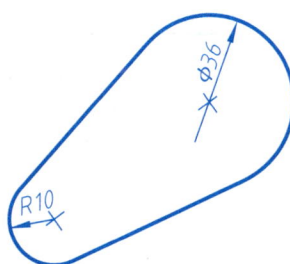 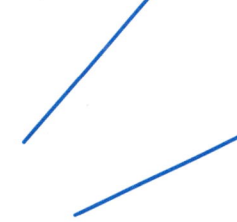

拓展训练1：设计手柄，并用三维软件生成三维模型。

参照所示图形，用1∶1的比例在A4坐标纸上画出图形，其中尺寸 a 的数值自行确定。

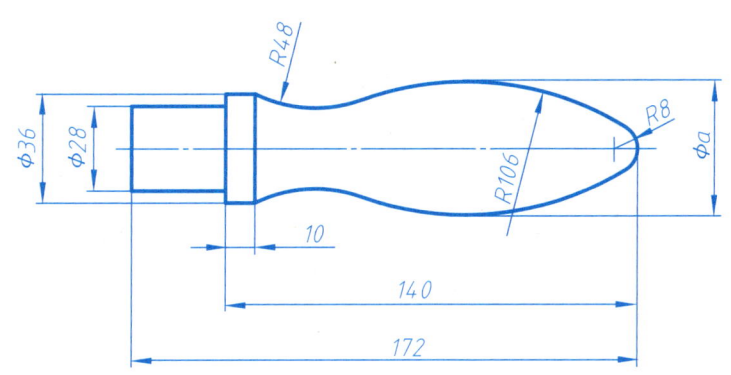

拓展训练2：设计扳手，参照所示图形，用三维软件生成三维模型（a、b 的数值及未注尺寸自行设计）。

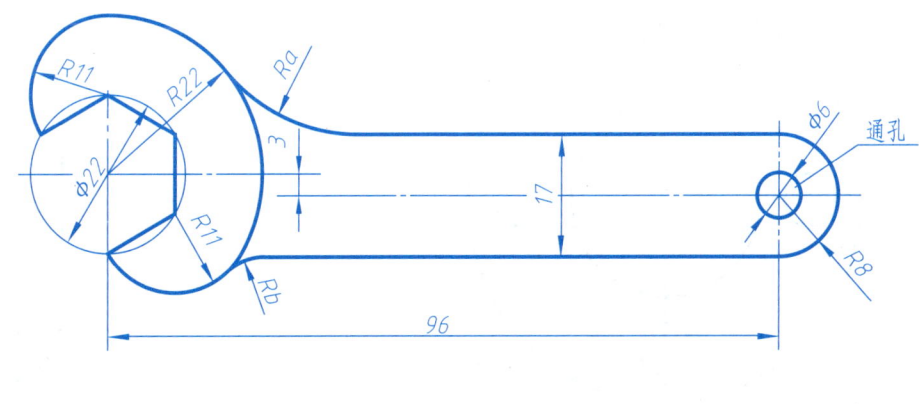

第 1 章 制图的基本知识和基本技能

班级_____ 姓名_____ 学号_____

1.5 平面图形的尺寸标注

在平面图形上标注尺寸（按 1∶1 量取，取整数标注），并填空回答问题。

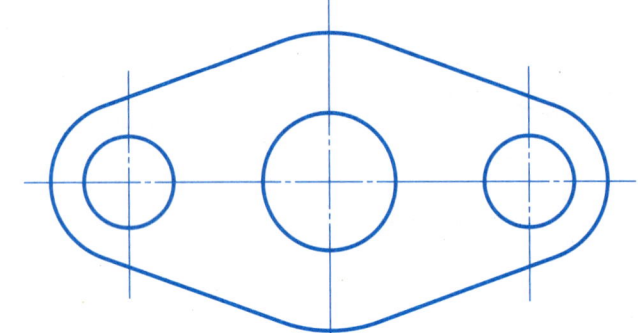

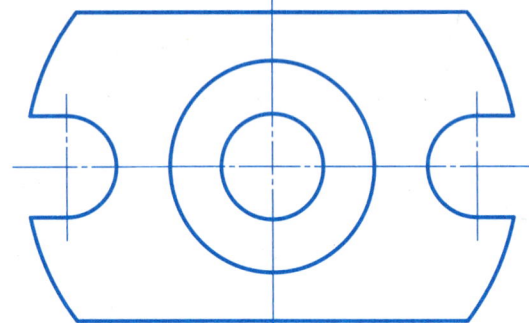

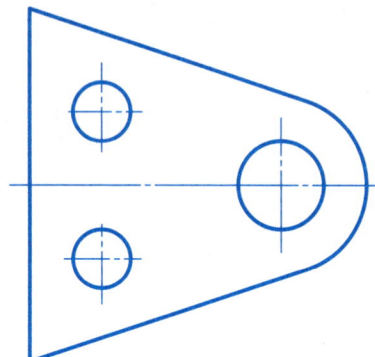

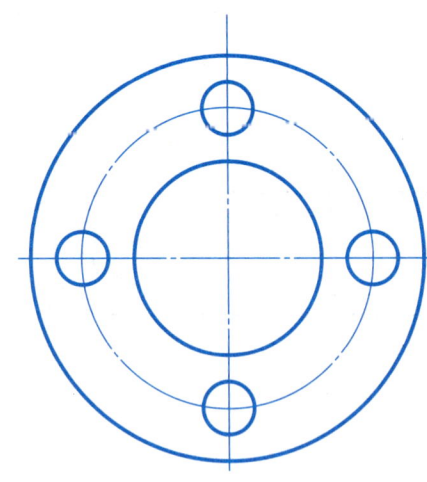

图中 4 个小圆的定位尺寸是_____。

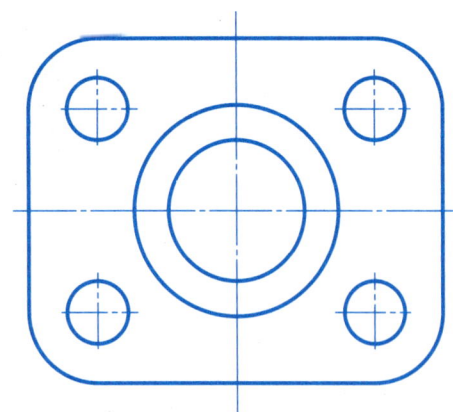

图中 4 个小圆的定位尺寸是_____、_____。

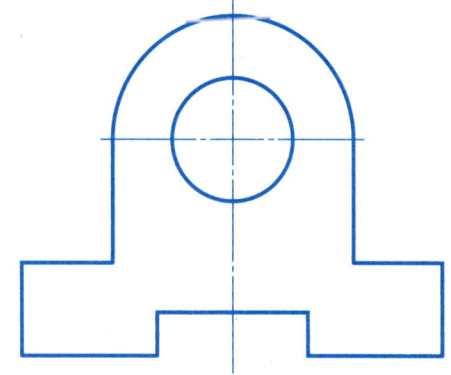

第 2 章 投影法基础

2.1 投影法和三视图

1) 读投影图,看懂下列三面投影图,并在圆圈内填写对应轴测图号码。

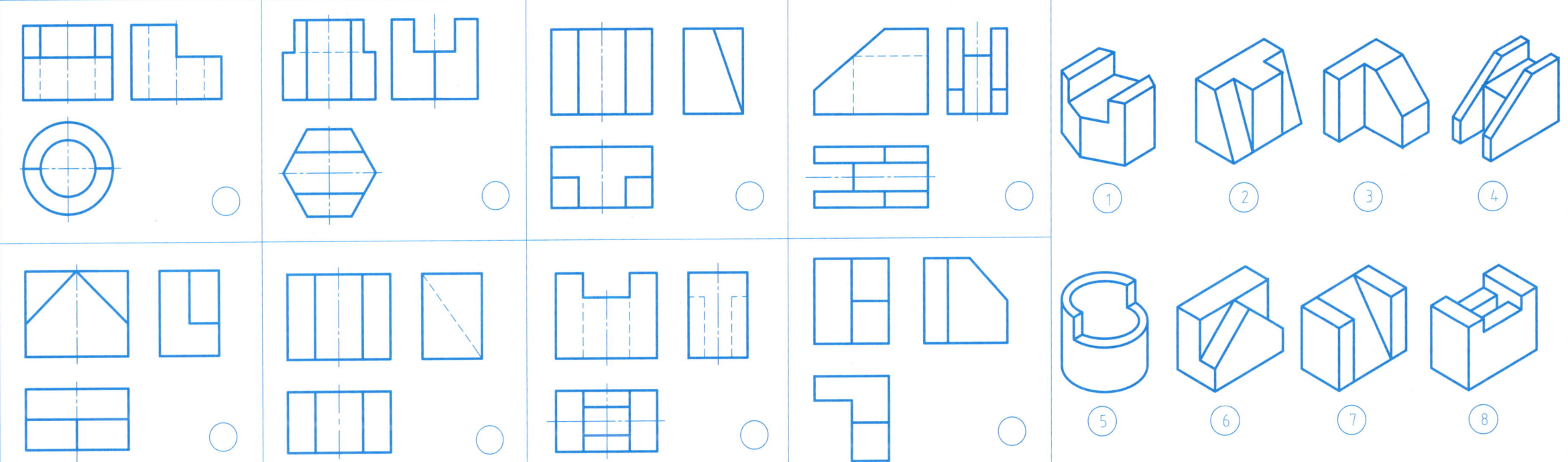

2) 选出正确的第三视图,在正确的选项后打"√"。

①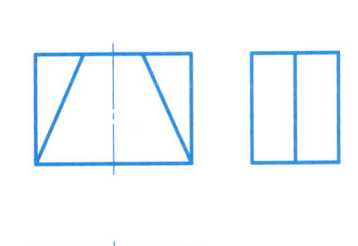
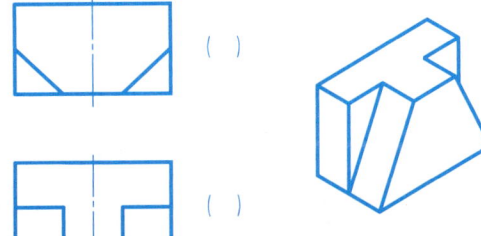
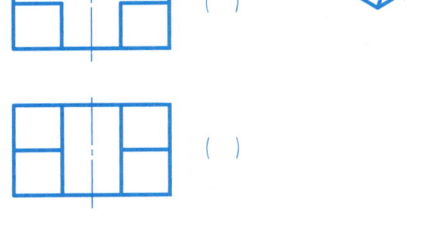

②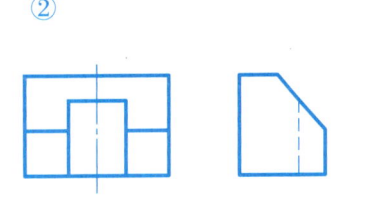
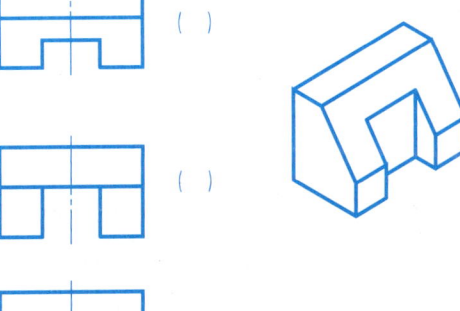

③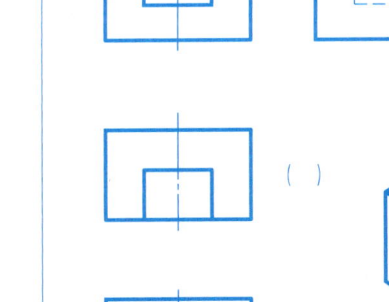
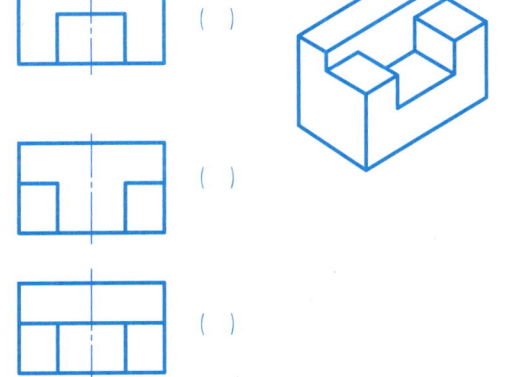

④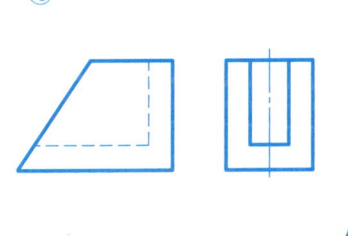
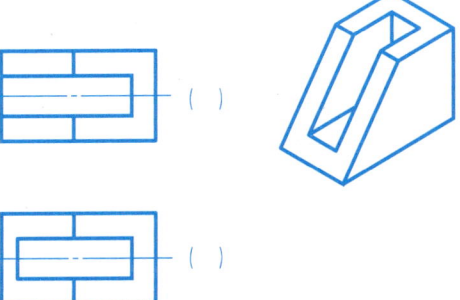
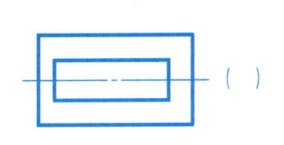

第 2 章 投影法基础

2.2 点的投影

1) 参照立体图,标注出点 A、B、C、D 的三面投影。

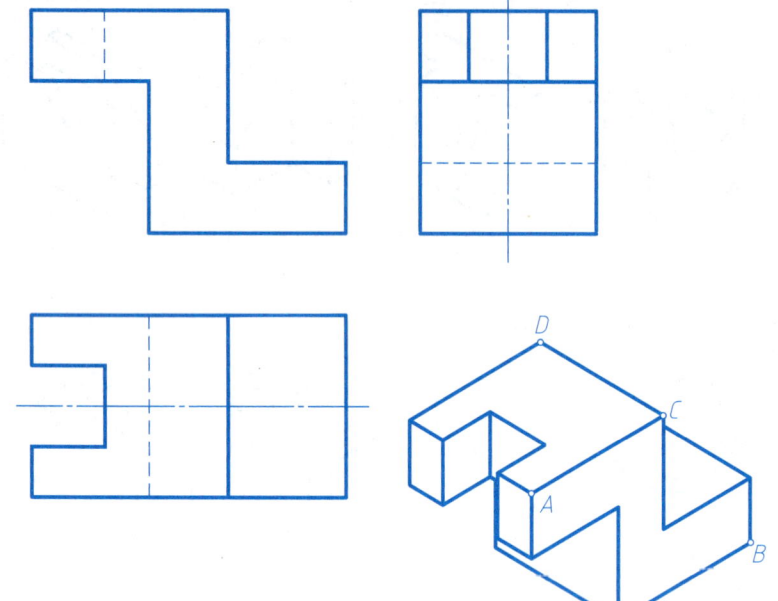

2) 参照立体图,标注出点 E、F、G、H 的三面投影。

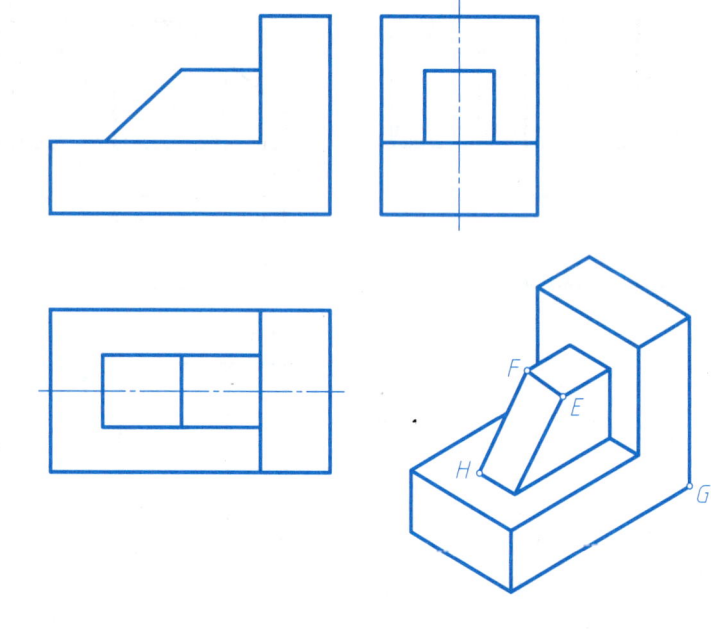

3) 已知 A (25,20,10)、B (10,0,15)、C (0,0,20),作出各点的三面投影图。

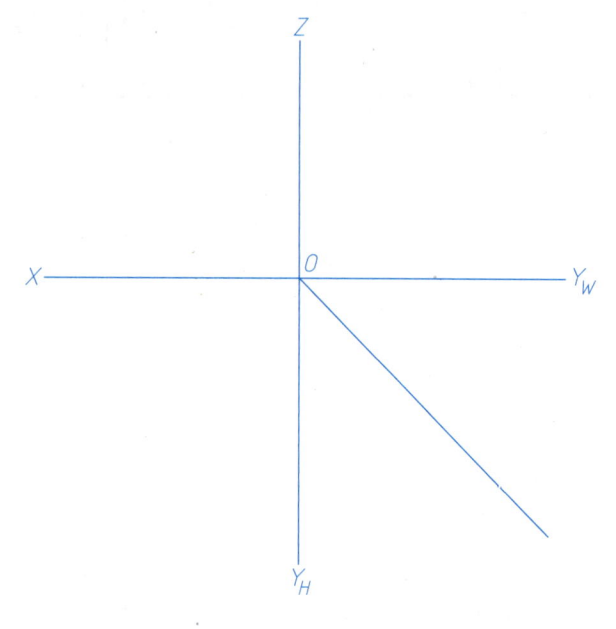

4) 已知点的两个投影,求作第三个投影并说明 A、B 两点的相对位置(指出左右、前后、上下方向)。

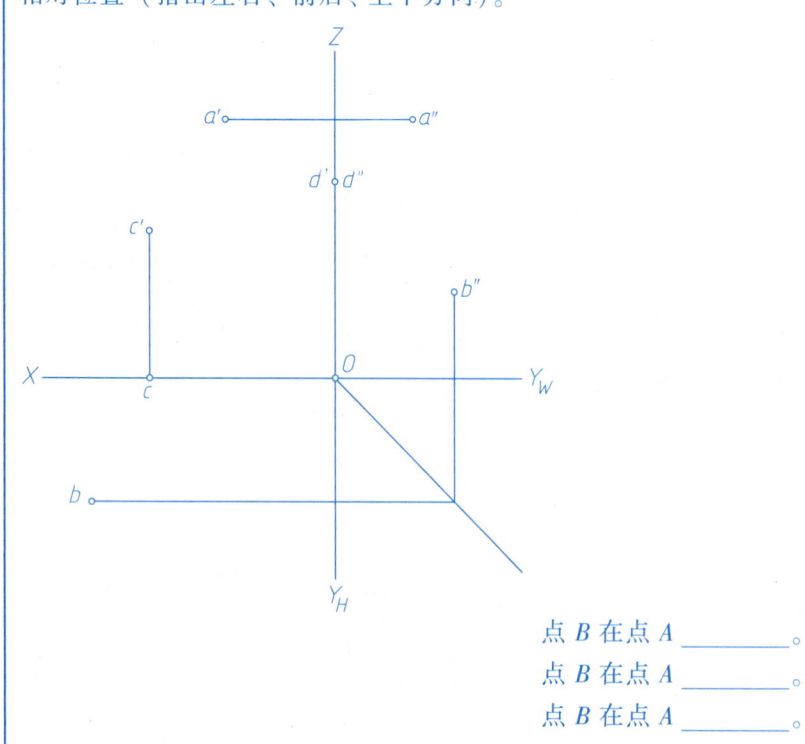

点 B 在点 A _____。
点 B 在点 A _____。
点 B 在点 A _____。

5) 已知点 B 在点 A 的左方 15mm,后方 12mm,上方 10mm;点 C 在点 A 的正后方 10mm,求作点 B 和点 C 的三面投影。

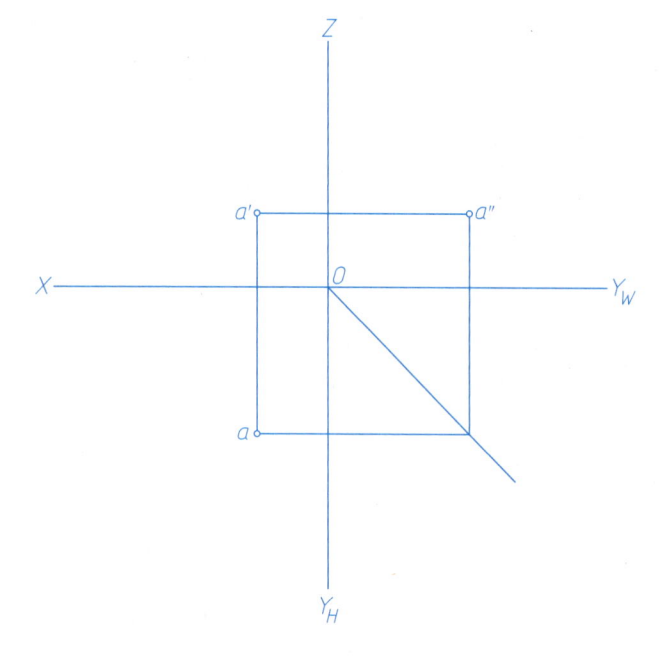

6) 已知点 A 距 H 面 25mm,距 V 面 10mm,距 W 面 30mm,点 B 距 H 面 20mm,距 V 面 15mm,距 W 面 25mm,求 A、B 两点的三面投影。

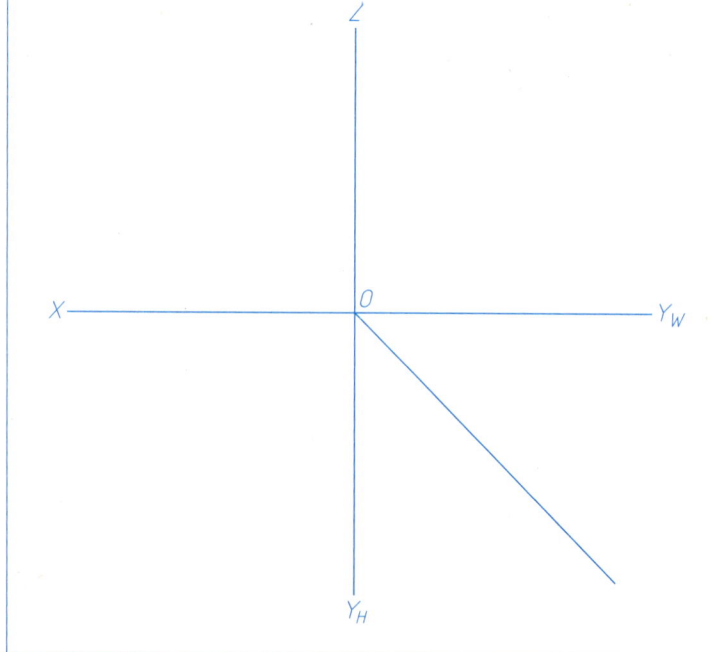

第 2 章 投影法基础

班级_____ 姓名_____ 学号_____

2.3 直线的投影

1) 参照立体图,在三面投影图上标注出直线 AB、AC、AD、EF 的三面投影,并说明是什么位置的直线。

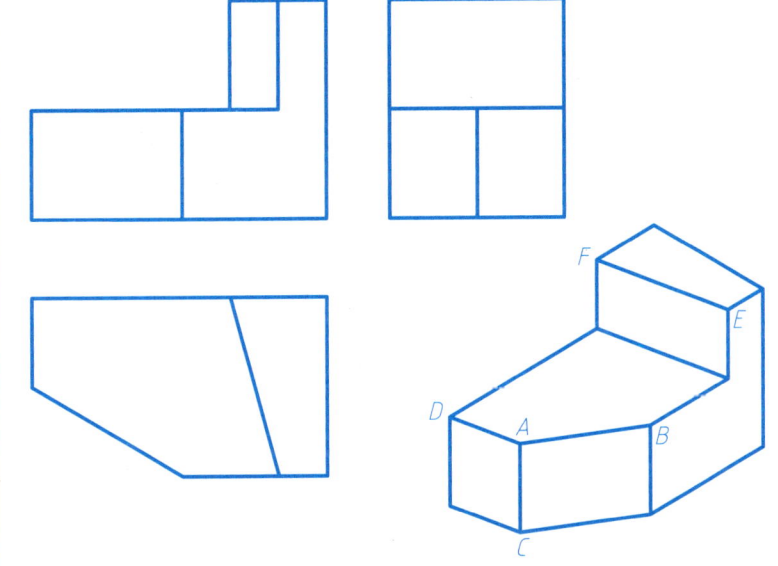

AB 是_____线;AC 是_____线。
AD 是_____线;EF 是_____线。

2) 已知直线 ab 的水平投影,补全其余投影,图中 ab 为水平线。

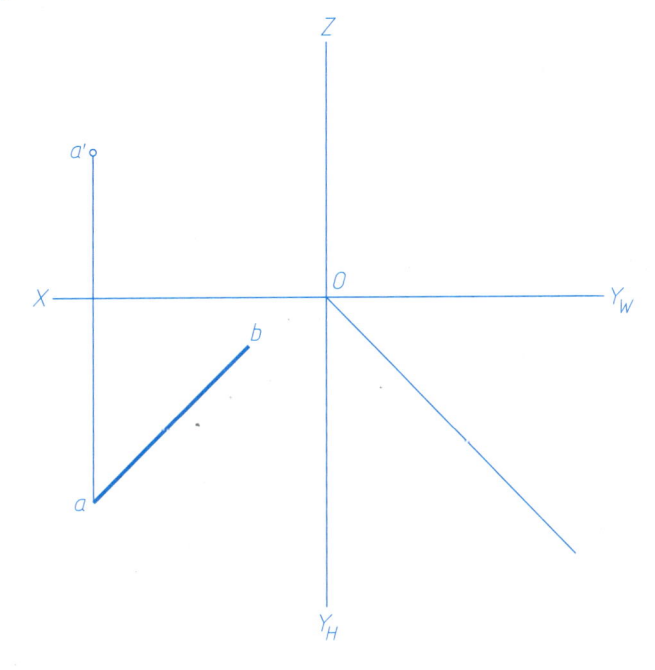

3) 已知直线 gh 的正面投影,补全其余投影,图中 gh 为正平线。

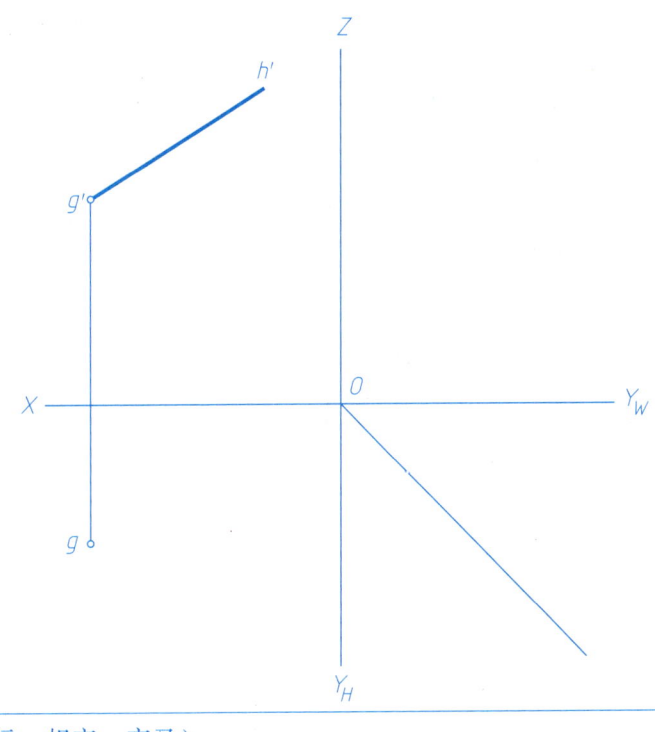

4) 已知直线 cd 的水平投影,补全其余投影,图中 cd 为侧垂线。

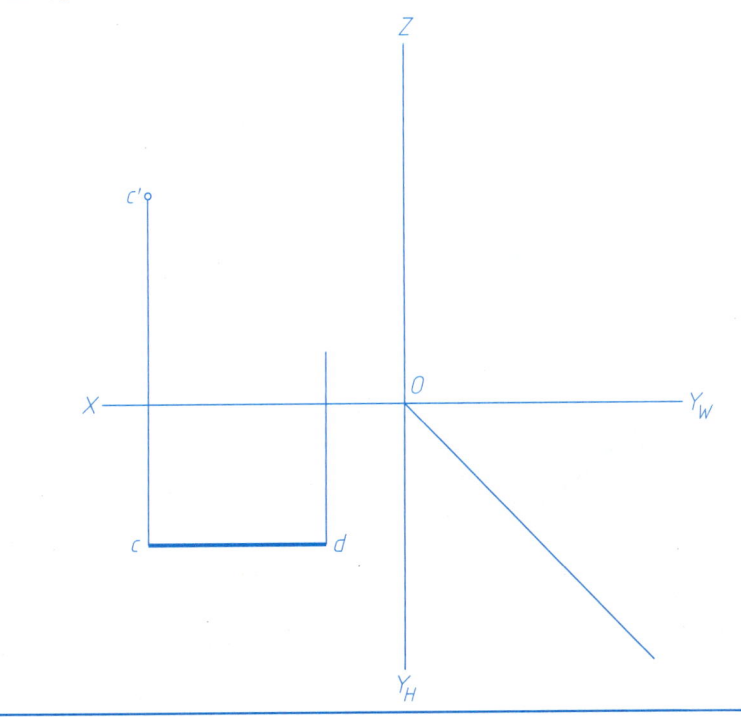 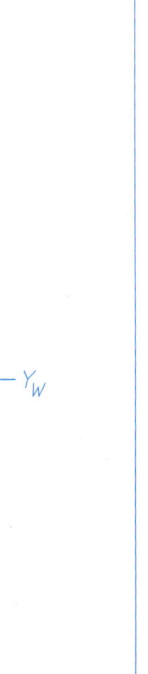

5) 判断两直线 ab、cd 的相对位置,在直线上填写位置关系(平行、相交、交叉)。

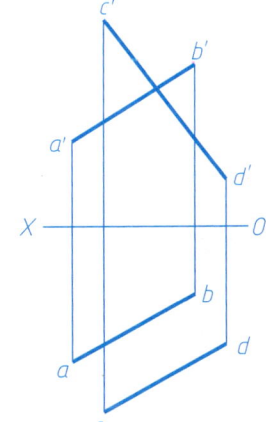 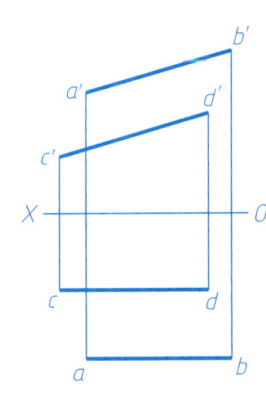 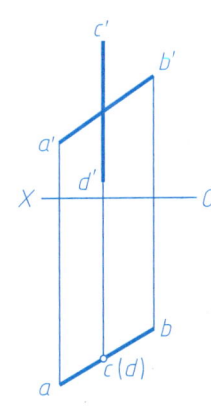 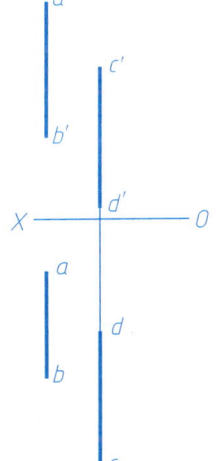

第 2 章　投影法基础

2.4 平面的投影

1) 仿照平面 A 的三面投影，标注出平面 B、C、D 的三面投影，并说明是什么位置的平面。

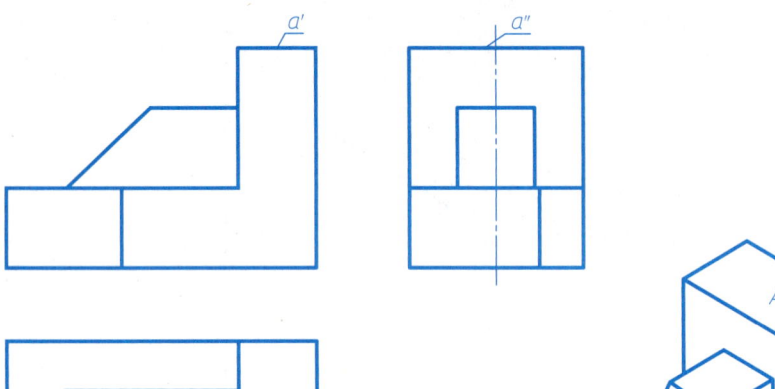

平面 A 是_____面。
平面 B 是_____面。
平面 C 是_____面。
平面 D 是_____面。

2) 已知 A 面为正垂面，根据轴测图完成它的水平投影。

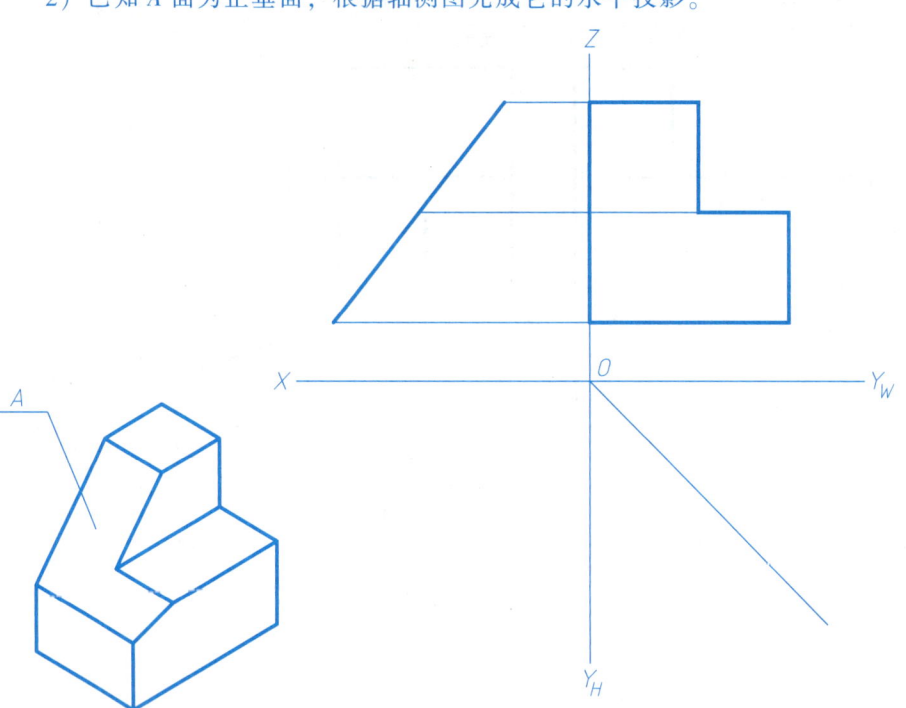

3) 补全平面图形 ABCDE 的两面投影。

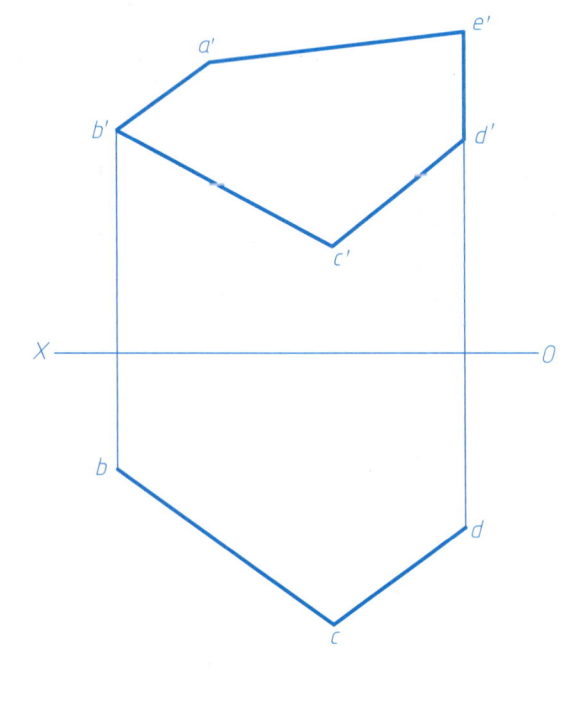

4) 完成平面图形的水平投影。

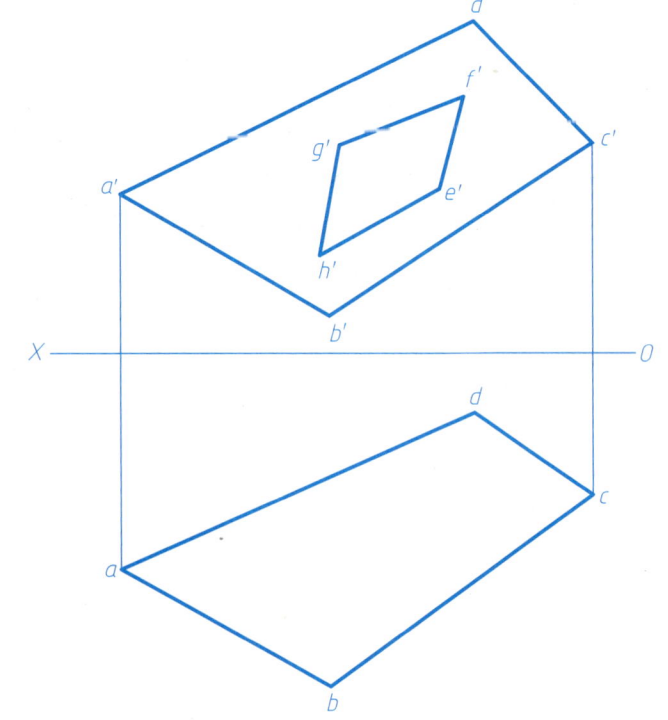

5) 作出平面图形的侧面投影。

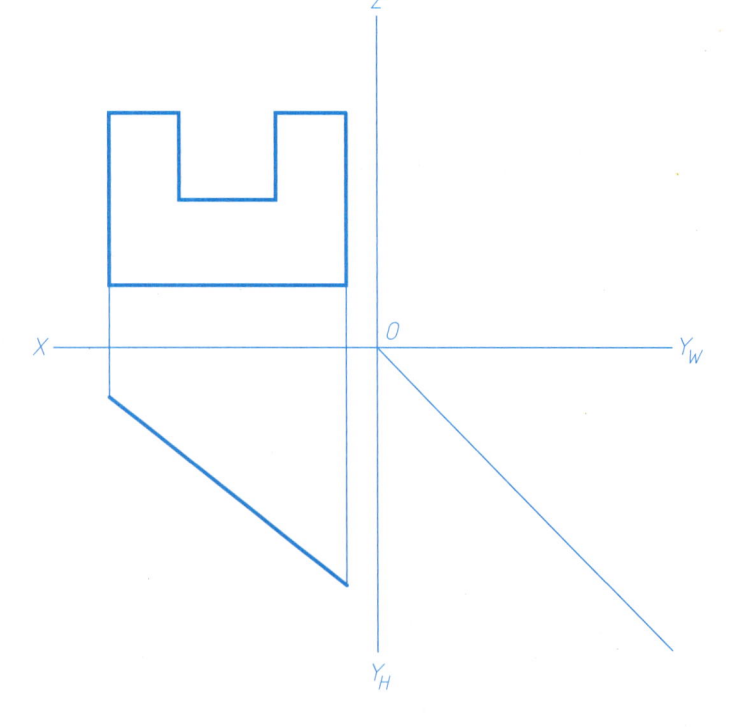

第 2 章 投影法基础

2.5 换面法

1）求直线 ab 的实长及对 H 面、V 面的倾角 α、β。

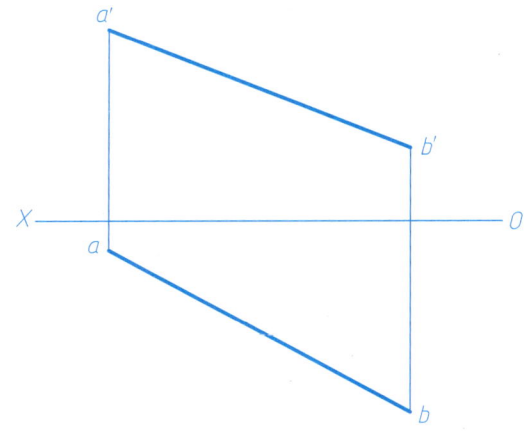

2）已知直线 de 的端点 e 比 d 高，$de=50$，求作 $d'e'$。

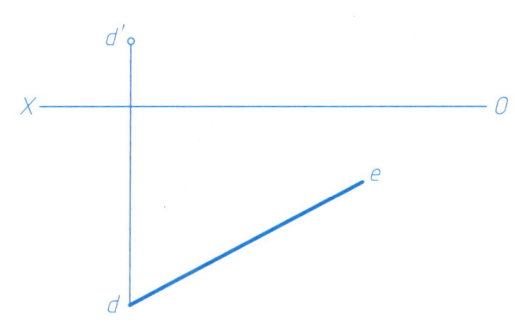

3）过点 k 作直线 kl，已知直线 ab 成 $60°$。

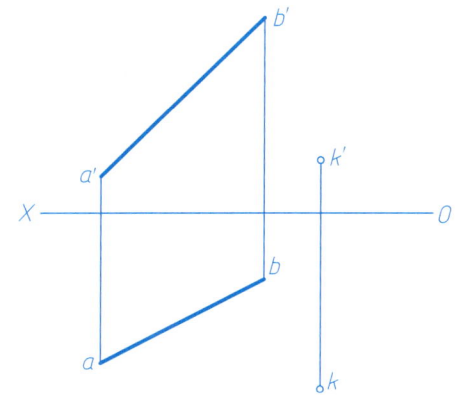

4）求 $\triangle abc$ 对 V 面的倾角 β 及其实形。

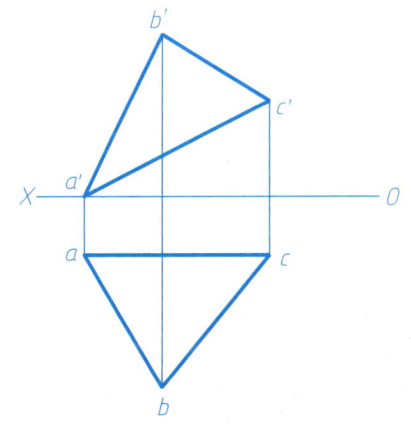

5）求两平面 $\triangle abc$ 和 $\triangle bcd$ 之间的夹角。

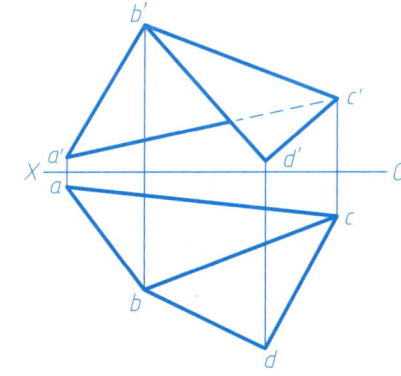

6）已知 $\triangle abc /\!/ \square defg$，两平面之间的距离为 15，求 $\triangle abc$ 的正面投影。

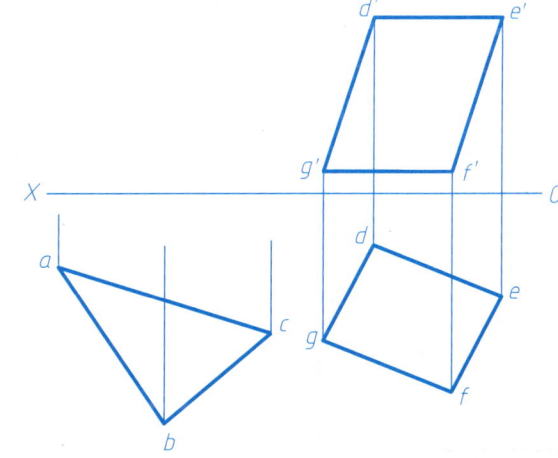

第 3 章 立体的投影

班级_____ 姓名_____ 学号_____

3.1 平面立体的投影

1) 补画四棱柱表面折线 abcd 的投影。

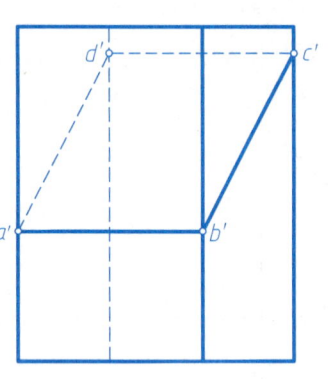
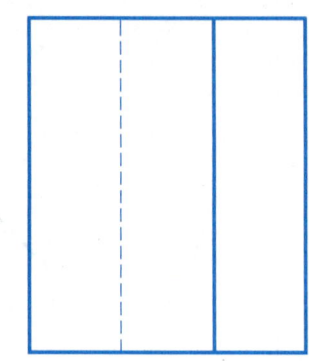

2) 补画三棱柱表面折线 abc 的投影。

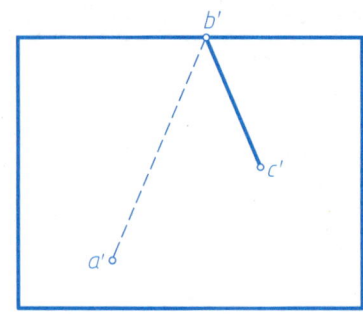
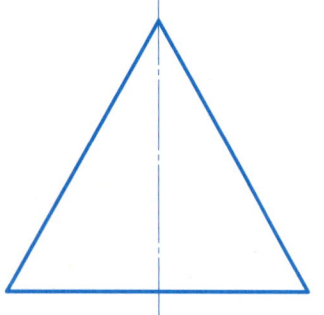

3) 补画六棱柱及其表面折线 abcde 的投影。

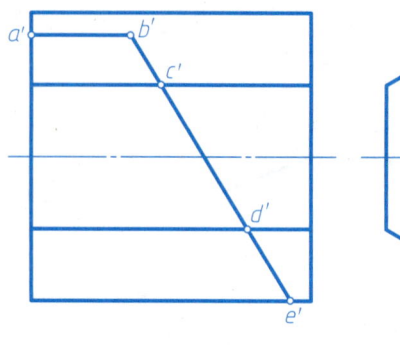
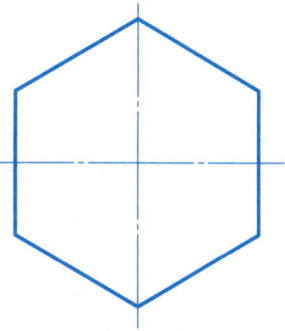

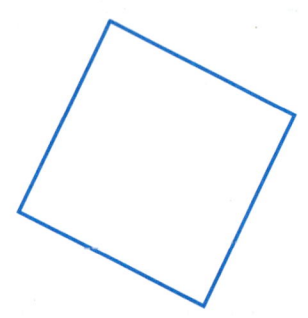

4) 补画三棱锥表面各点的投影。

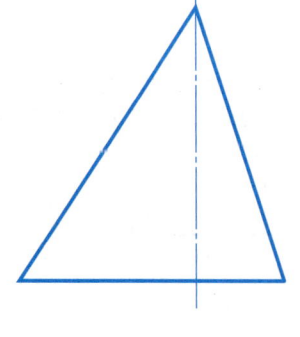
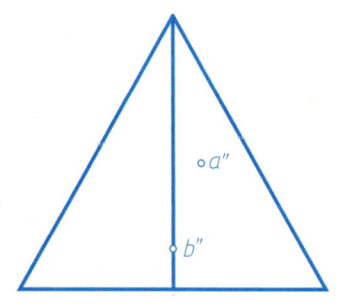
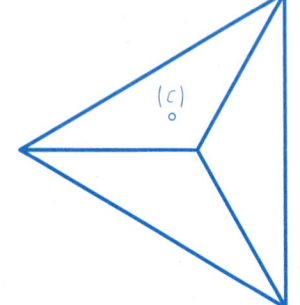

5) 补画四棱锥表面各点的投影。

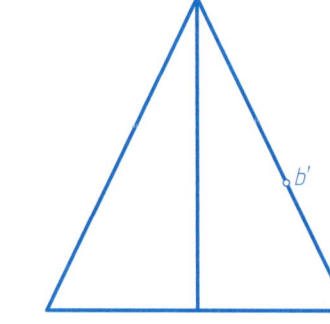
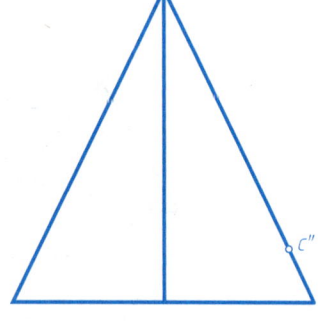
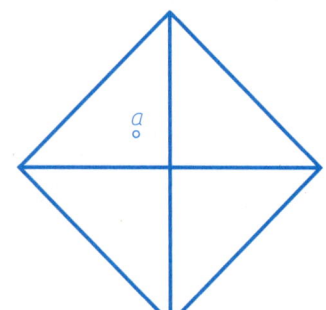

6) 补画四棱台表面折线 abc 的水平投影。

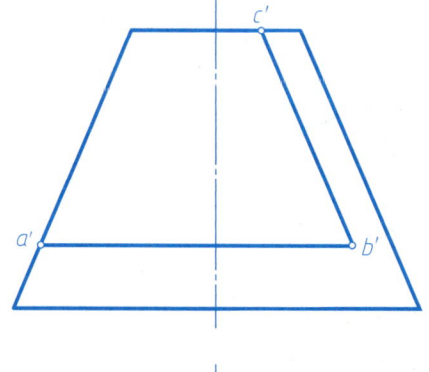
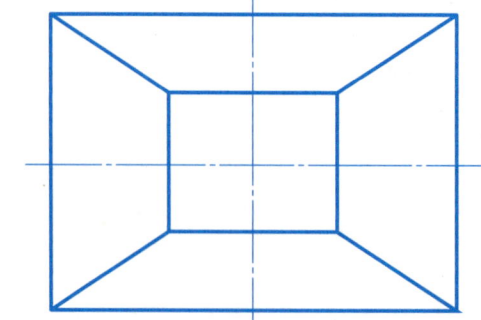

第 3 章　立体的投影

3.2　平面与平面立体相交

1）补画三棱柱被截切后的投影。

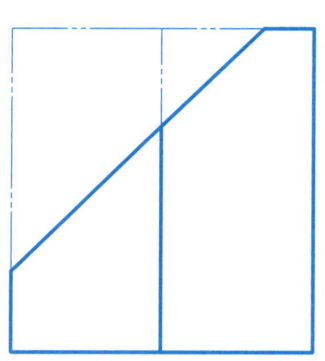

2）补画三棱柱被截切后的投影。

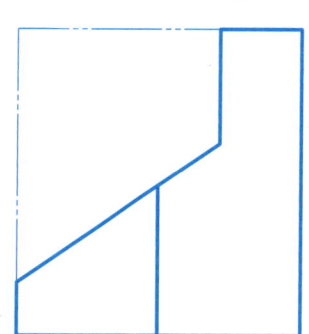
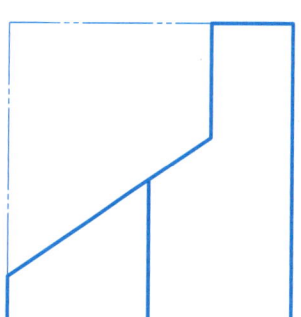

立体模型
3.2.2

3）补画五棱柱被截切后的投影。

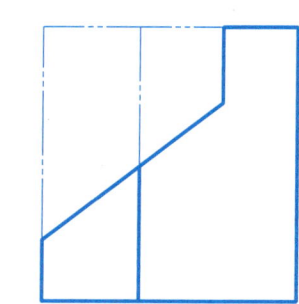

立体模型
3.2.3

4）补画六棱柱被截切后的投影。

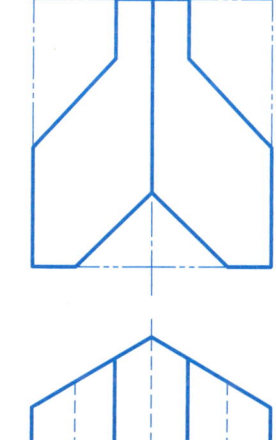

立体模型
3.2.4

5）补画三棱柱被截切后的投影。

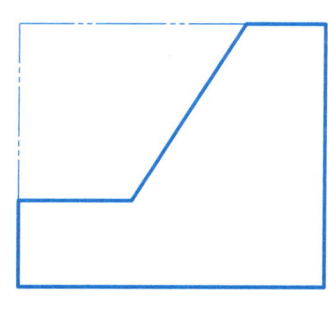
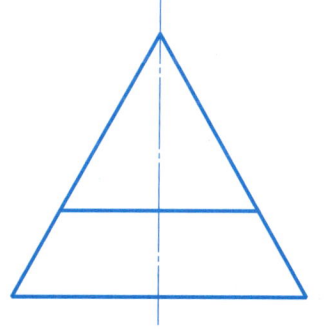

6）补画四棱柱被截切后的投影。

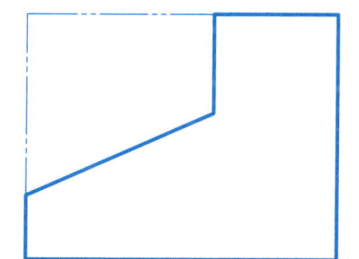
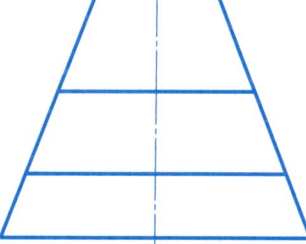

第 3 章 立体的投影

班级_____ 姓名_____ 学号_____

3.2 平面与平面立体相交

7) 补画四棱柱被截切后的投影。

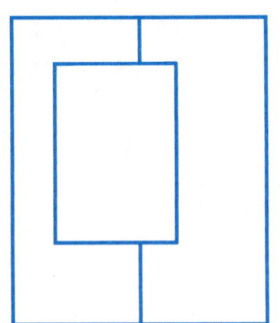

8) 补画六棱柱被截切后的侧面投影。

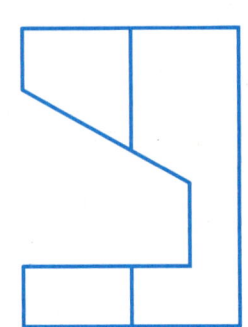

9) 补画三棱锥被截切后的投影。

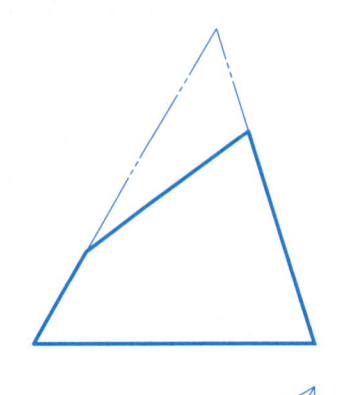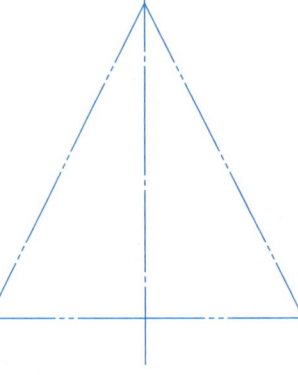

10) 补画四棱锥被截切后的投影。

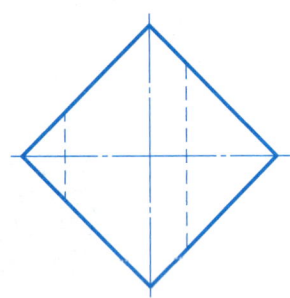

11) 补画四棱台被截切后的投影。

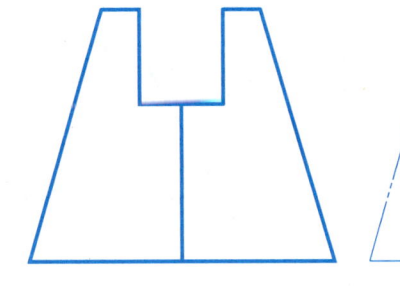
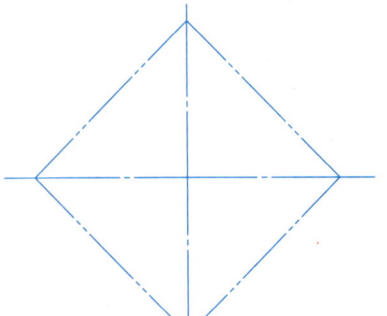

12) 补画四棱台被截切后的投影。

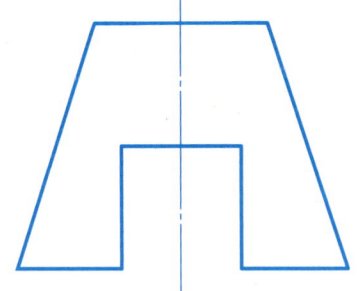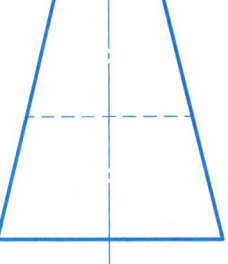

第 3 章 立体的投影

3.3 曲面立体的投影及平面与曲面立体相交

1) 补画圆柱表面各点的投影。

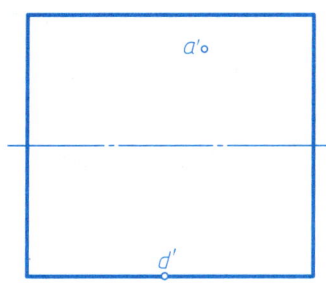
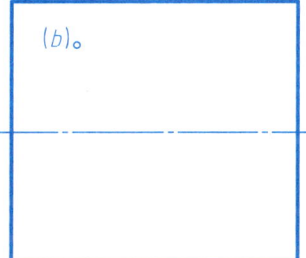

2) 补画圆锥表面上各点的投影。

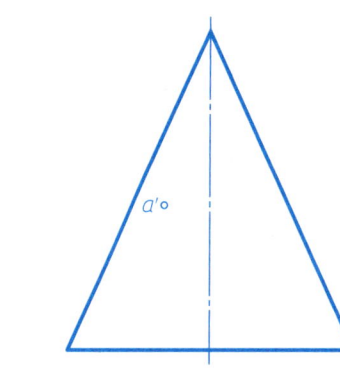

3) 补画圆球表面上各点的投影。

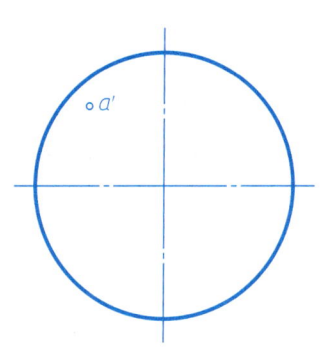

4) 补画圆柱被截切后的漏线。

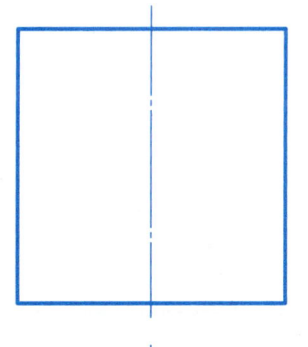
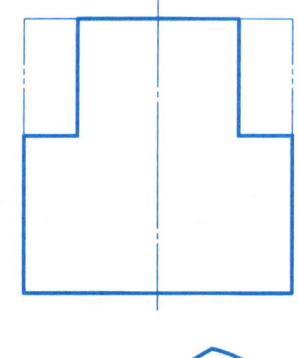
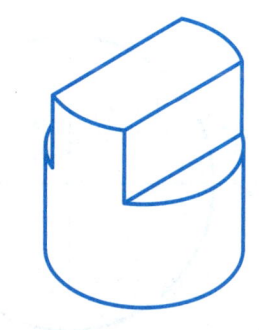

5) 补画圆柱被截切后的投影。

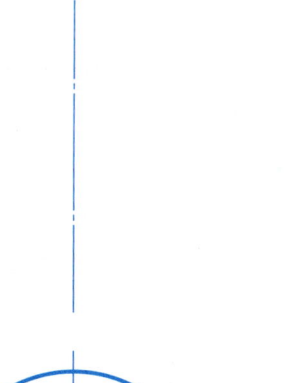
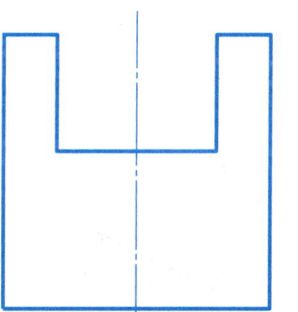

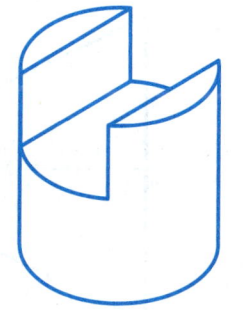

6) 补画圆柱被截切后的投影。

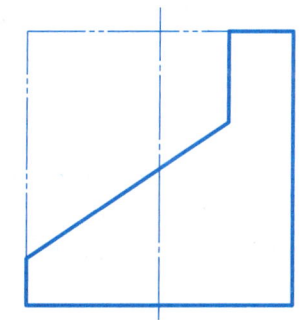
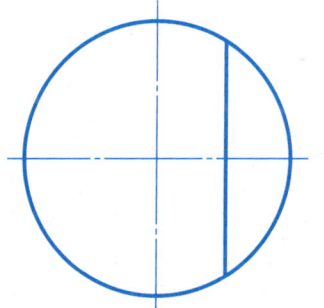

第 3 章 立体的投影

3.3 曲面立体的投影及平面与曲面立体相交

7) 补画圆柱被截切后的投影。

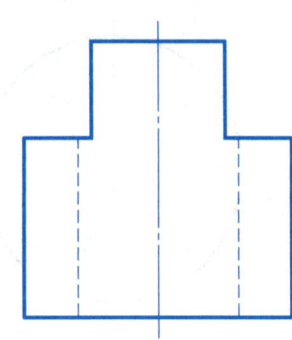

8) 补画圆柱被截切后的投影。

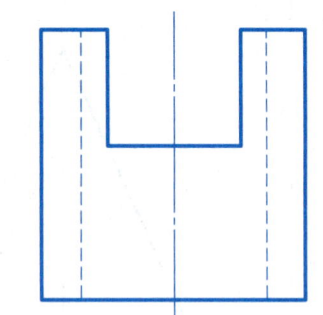

立体模型
3.3.7

9) 补画圆柱被截切后的投影。

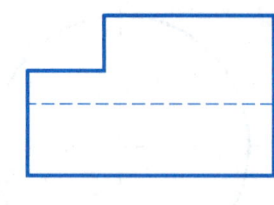
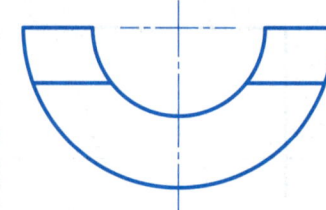

立体模型
3.3.8

10) 补画圆柱被截切后的投影。

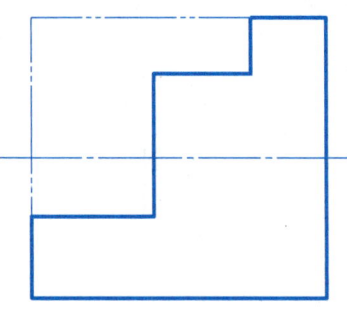
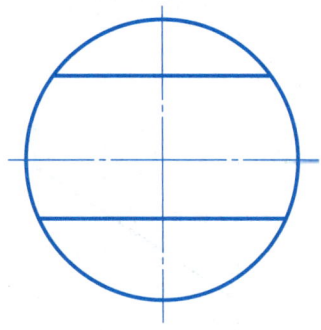

11) 补画圆锥被截切后的投影。

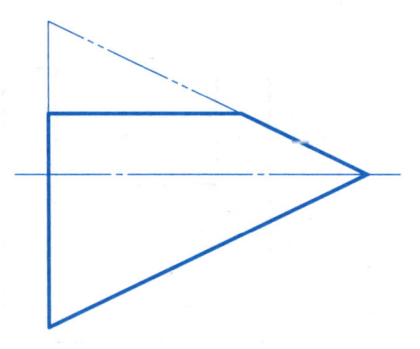
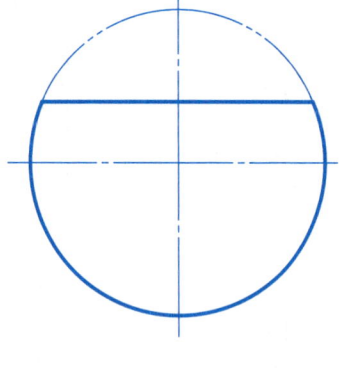

12) 补画圆锥被截切后的投影。

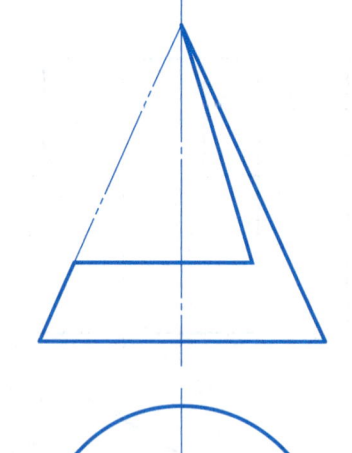
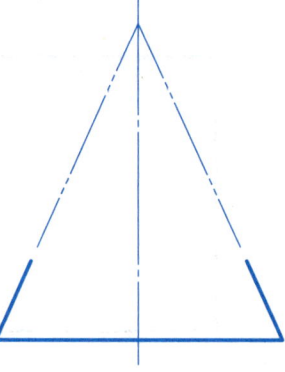

第 3 章 立体的投影

3.3 曲面立体的投影及平面与曲面立体相交

13) 补画圆锥被截切后的投影。

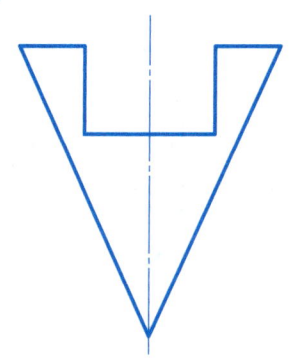
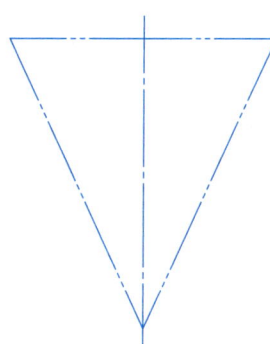
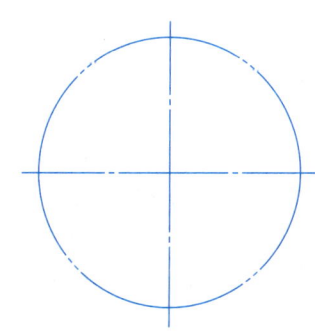

14) 补画圆球被截切后的投影。

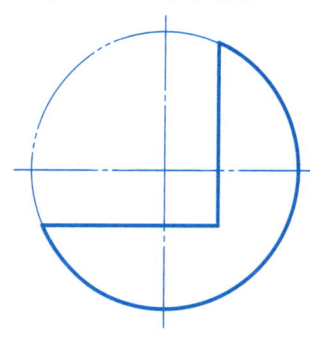

15) 补画圆球被截切后的投影。

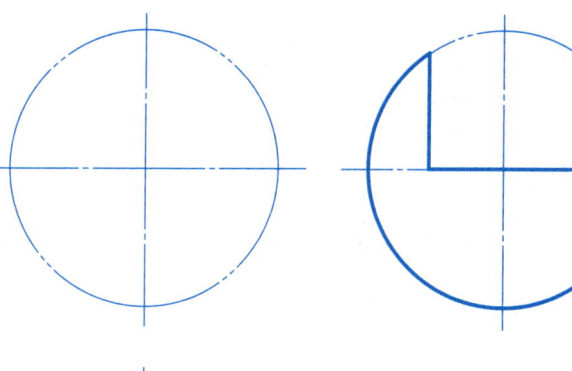
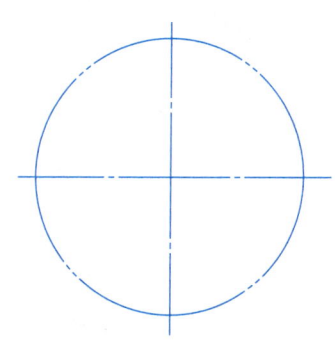

16) 补画圆球被截切后的投影。

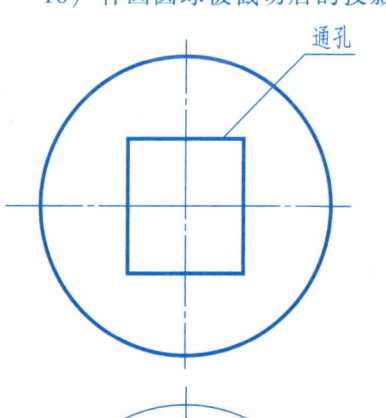
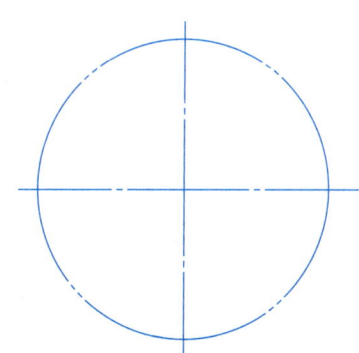
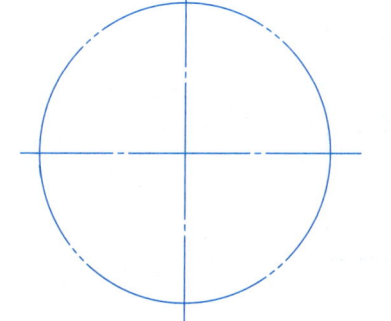

立体模型
3.3.16

17) 补画圆柱被截切后的投影。

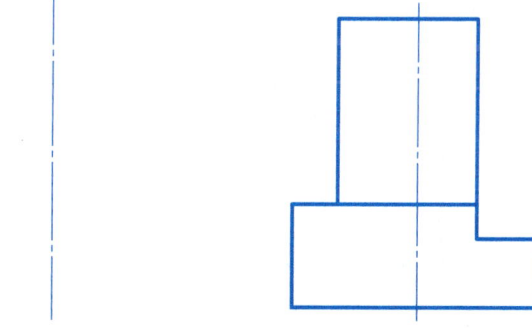
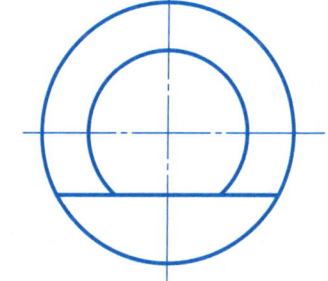

18) 补画立体被截切后的投影。

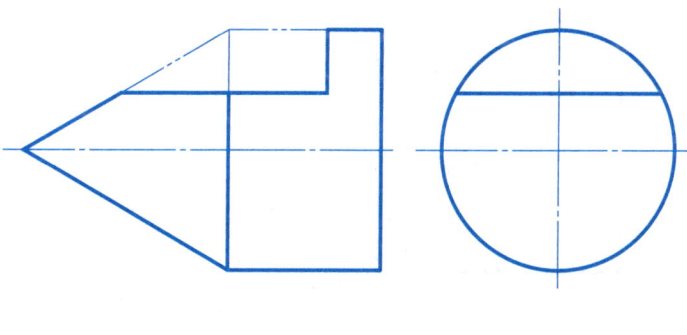
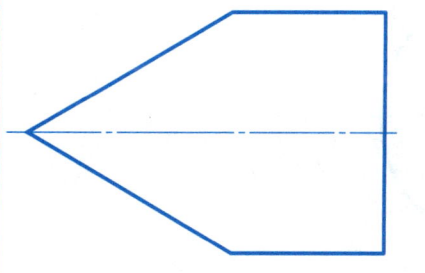

第 3 章 立体的投影

3.4 立体与立体相交

1) 补全立体投影中的漏线。

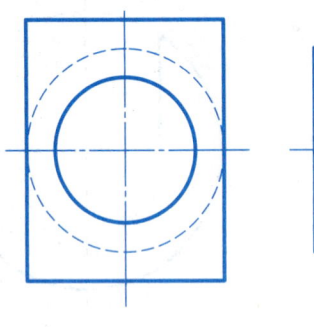
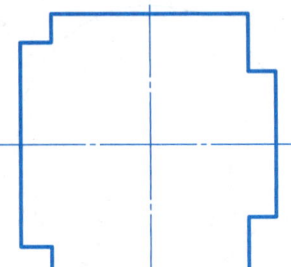
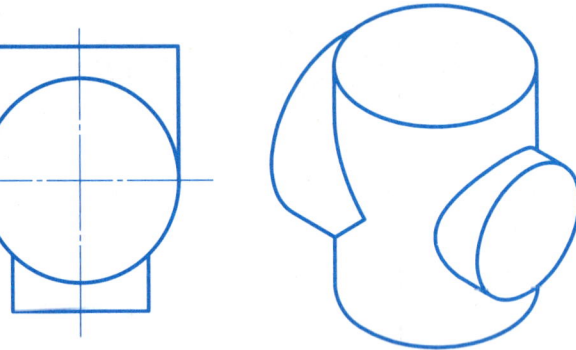

2) 补画立体的投影。

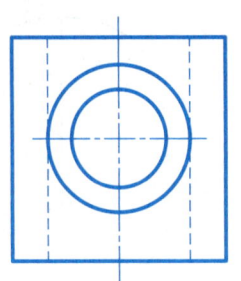
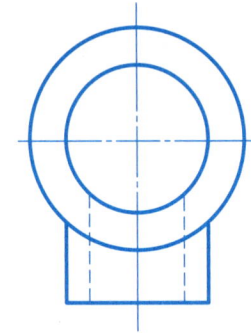

3) 补全立体投影中的漏线。

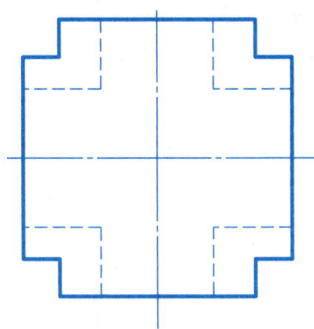
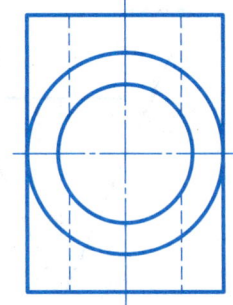
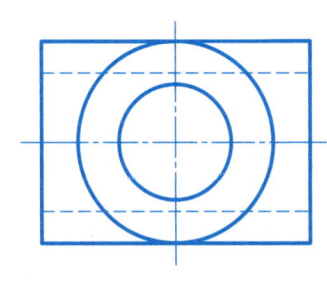
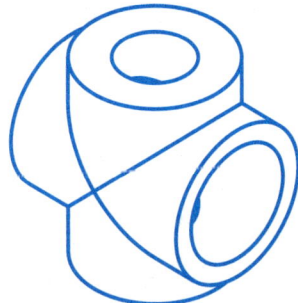

4) 补画立体的投影。

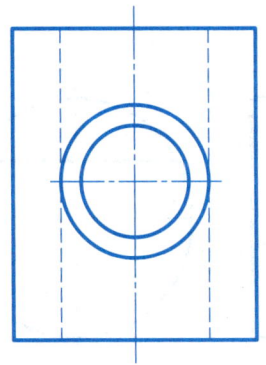
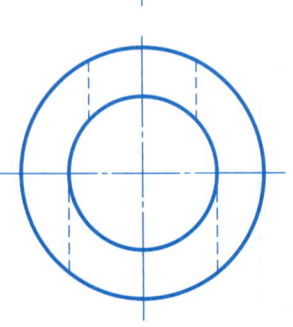

5) 补画立体的投影。

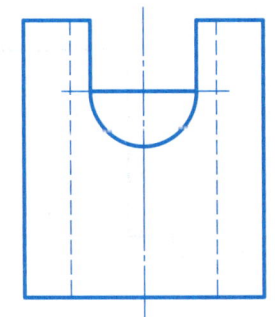
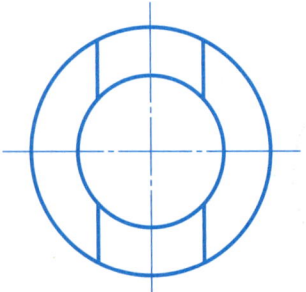

立体模型
3.4.5

6) 补画立体的投影。

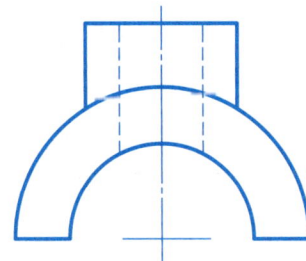
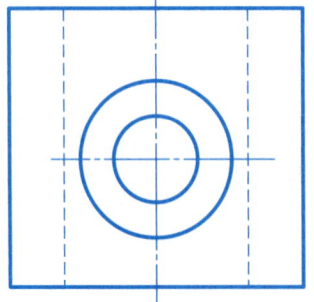

第 3 章 立体的投影

班级_____ 姓名_____ 学号_____

3.5 立体的投影单元测验

1) 补画五棱柱被截切后的侧面投影。

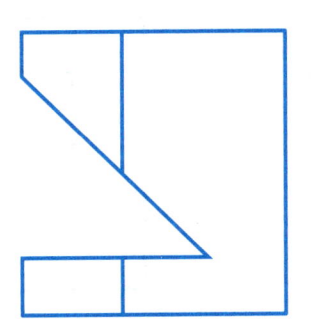
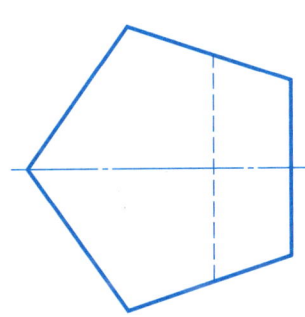

2) 补画圆柱被截切后的侧面投影。

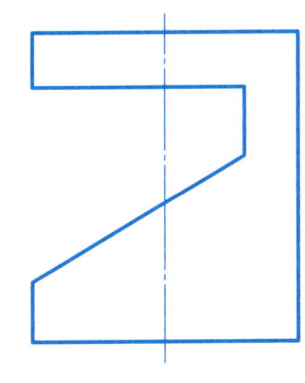
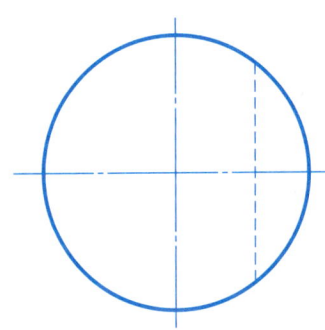

3) 补画圆锥被截切后的水平投影和侧面投影。

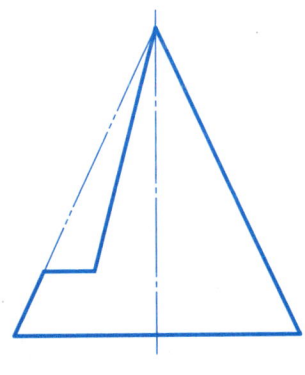
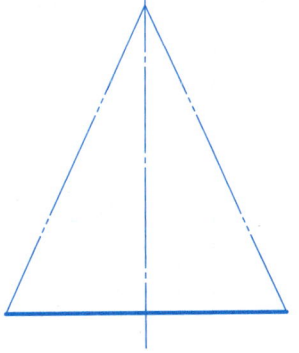
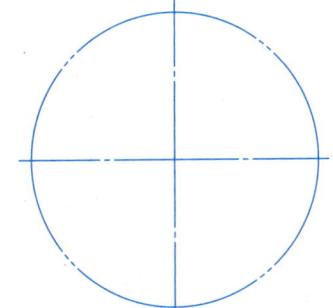

4) 补画立体的正面投影。

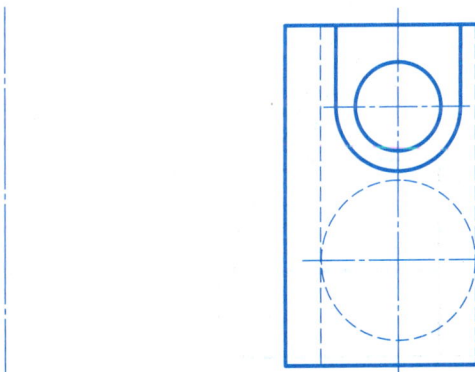
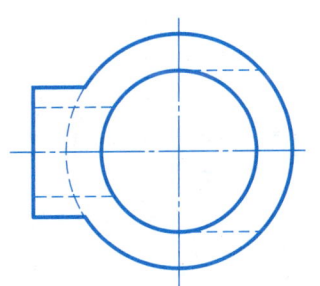

立体模型
3.5.4

第 3 章 立体的投影

班级_____ 姓名_____ 学号_____

3.5 立体的投影单元测验

5) 补画六棱柱体被截切后的侧面投影。

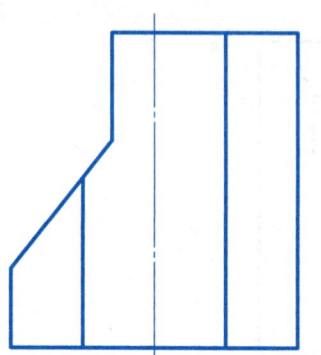

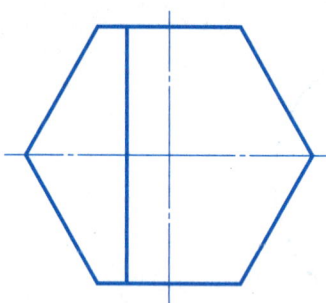

6) 补画圆柱被截切后的正面投影。

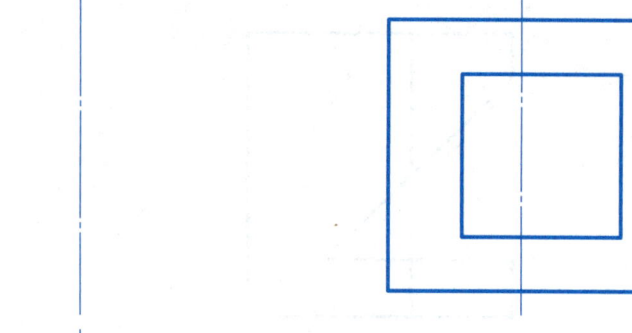

7) 补画立体被截切后的水平投影和侧面投影。

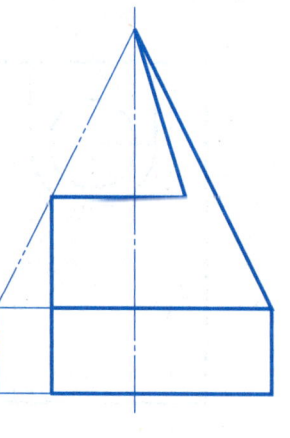

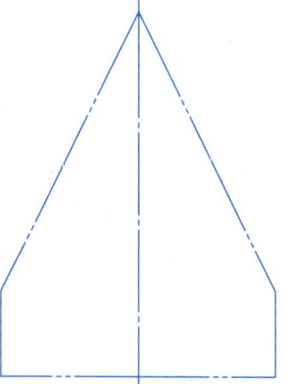

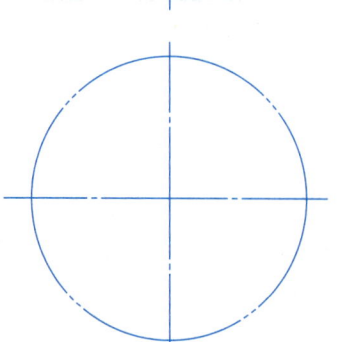

立体模型
3.5.7

8) 补画立体的侧面投影。

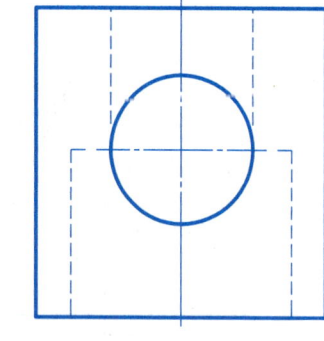

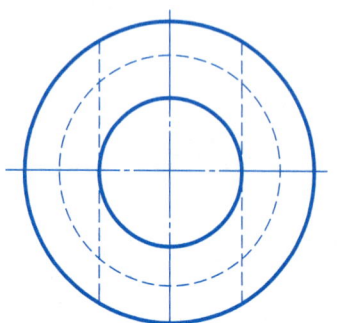

第 3 章 立体的投影

班级_____ 姓名_____ 学号_____

3.5 立体的投影单元测验

9) 补画四棱柱被截切后的侧面投影。

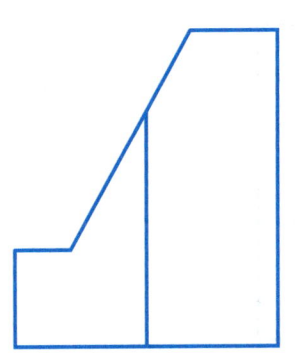
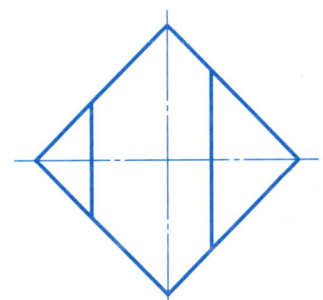

10) 补画圆柱被截切后的投影。

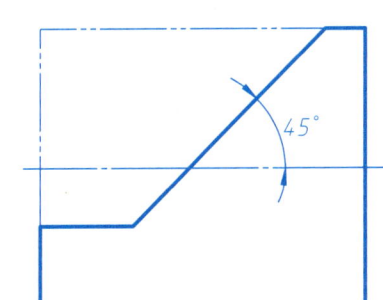 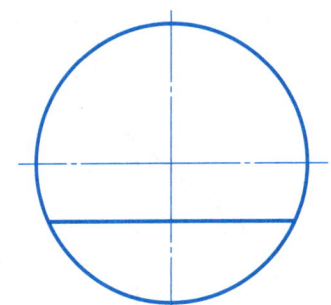

立体模型
3.5.9

11) 补画立体被截切后的投影。

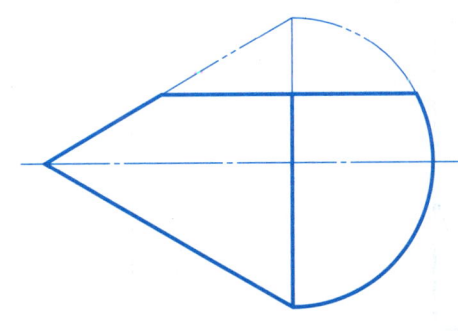 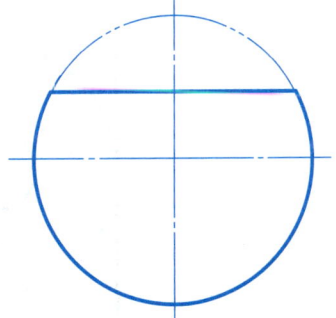

12) 补画立体的侧面投影。

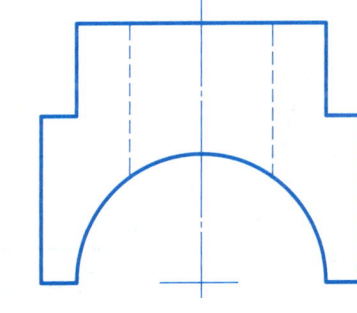
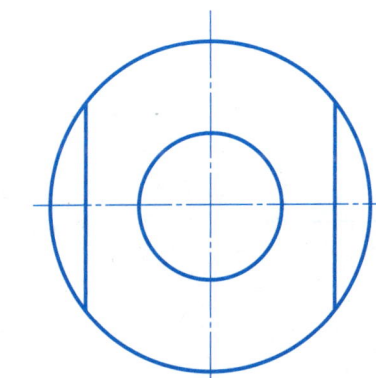

第 3 章 立体的投影

3.5 立体的投影单元测验

13) 补画五棱柱被截切后的侧面投影。

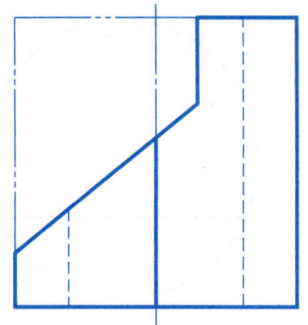
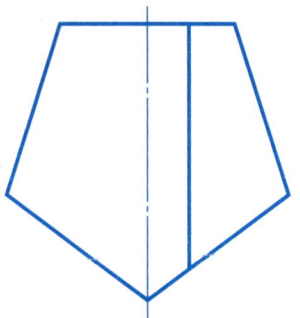

14) 补画圆柱被截切后的投影。

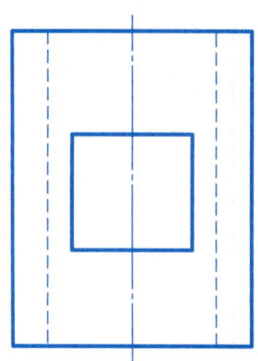
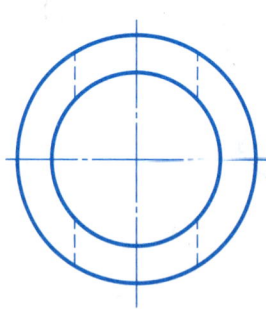

15) 补画立体被截切后的水平投影。

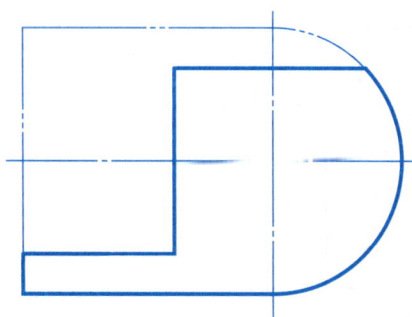
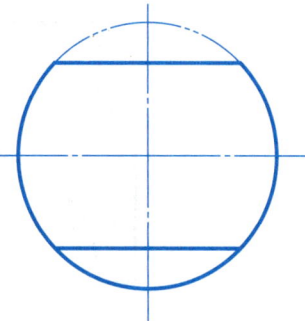

16) 补画立体的侧面投影。

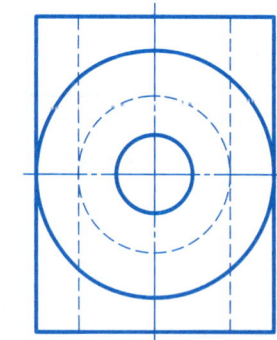
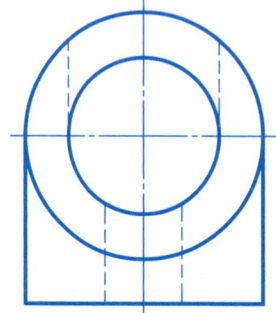

第4章 轴测图

4.1 根据两个视图，画出立体的正等轴测图

1)
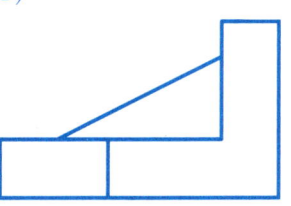

2)
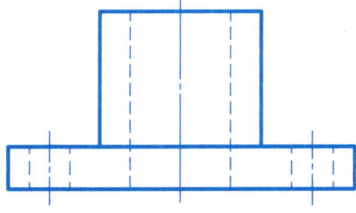
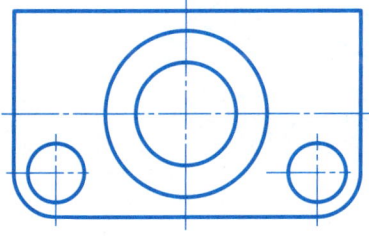

4.2 根据两个视图，画出立体的斜二轴测图

1)
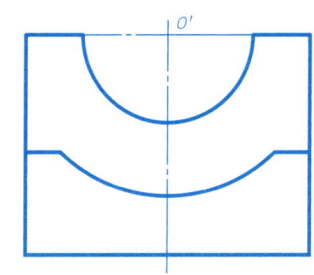
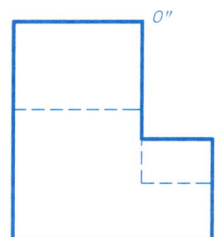

2)
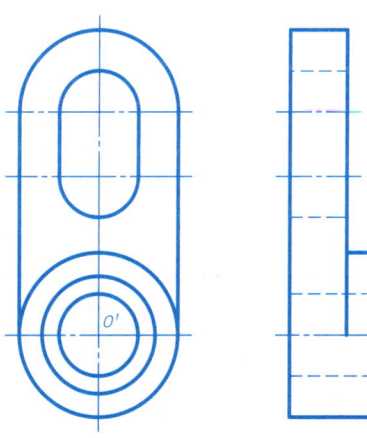

第 5 章 组合体

5.1 主题任务

1. 内容
根据所给的轴测图，选用适当比例绘制组合体三视图，并标注尺寸。

2. 要求
1）在 A3 或 A4 坐标纸上，留装订边 25mm，其余边 5mm，绘制边框，按图所示绘制并填写标题栏。
2）主视图选择合理，视图表达完整正确。
3）尺寸标注正确、完整、清晰。

3. 目的
1）熟悉组合体的画图方法和步骤。
2）熟悉组合体的尺寸标注方法。

4. 绘图步骤与注意事项
1）对组合体进行形体分析。
2）选择主视图（按其自然位置安放，选反映形体的主要形状特征和位置特征的方向作为主视图的投射方向）。
3）选择比例，确定图幅。
4）根据轴测图所给的尺寸，布置三视图的位置（注意三个视图之间要留出标注尺寸的位置），画出图形定位线（对称中心线，底面和端面的位置线）。
5）逐步画出组合体各部分的三视图。
6）仔细检查修正错误，擦掉多余线条，按线型要求加深各图线。
7）按要求标注其尺寸。
8）线型、字体等应符合国家标准的要求。

①

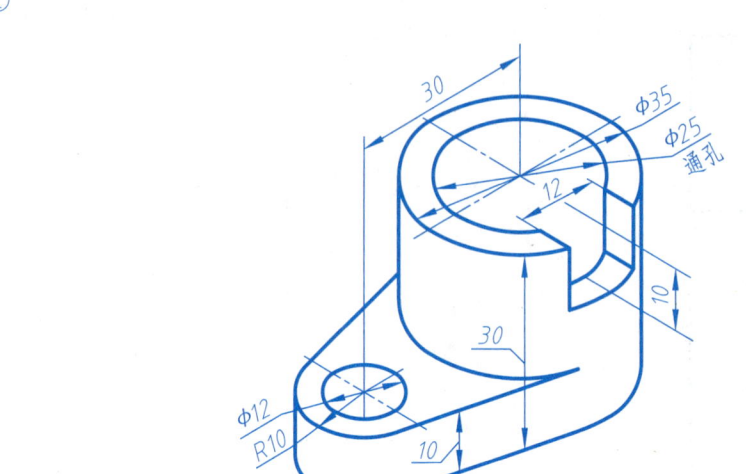

②

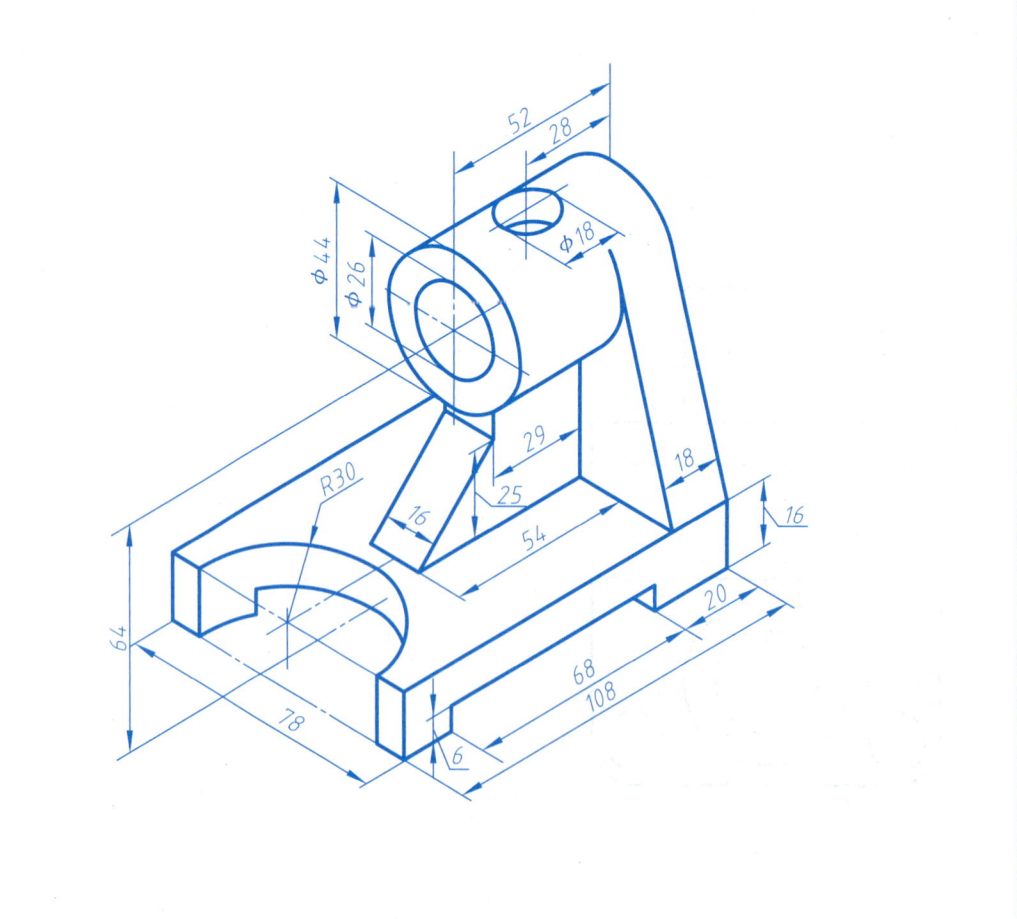

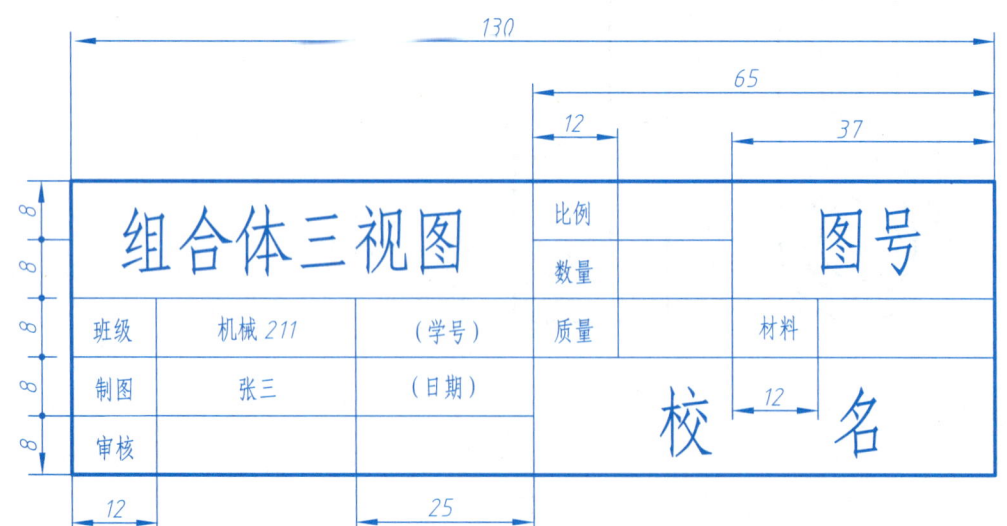

第 5 章 组合体

班级_____ 姓名_____ 学号_____

5.2 画组合体视图

1) 补画组合体视图中所缺的视图及漏线。

① ② 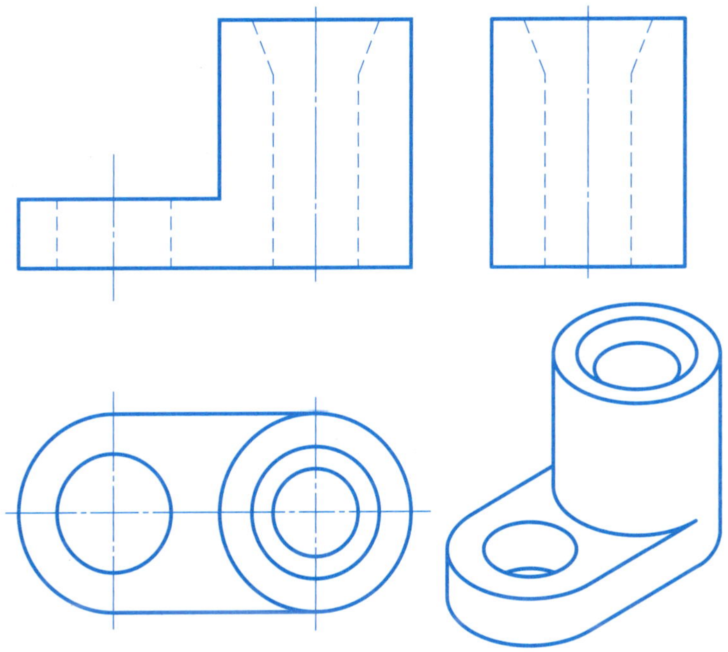 ③

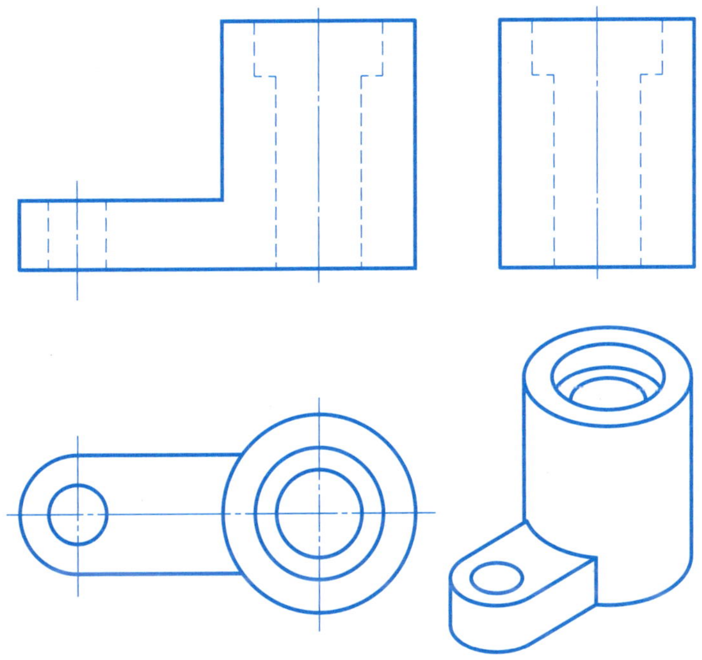

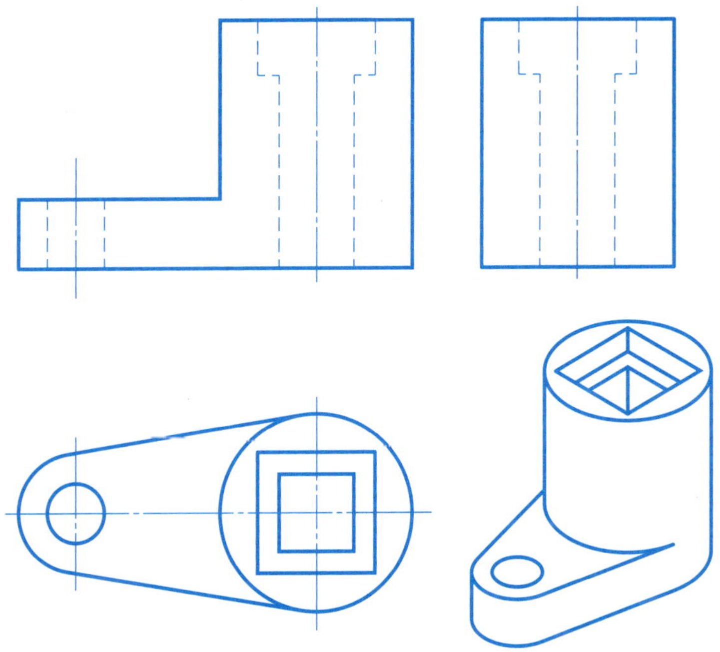

④ 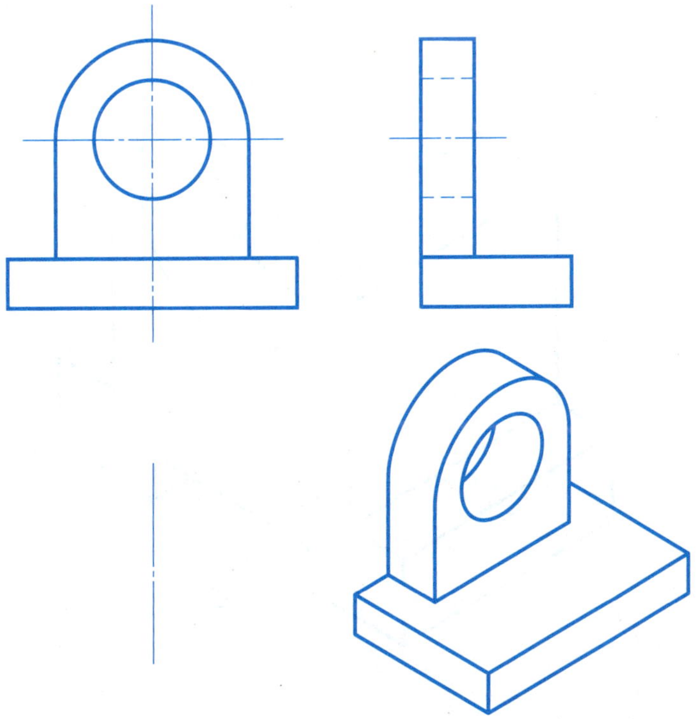 ⑤ 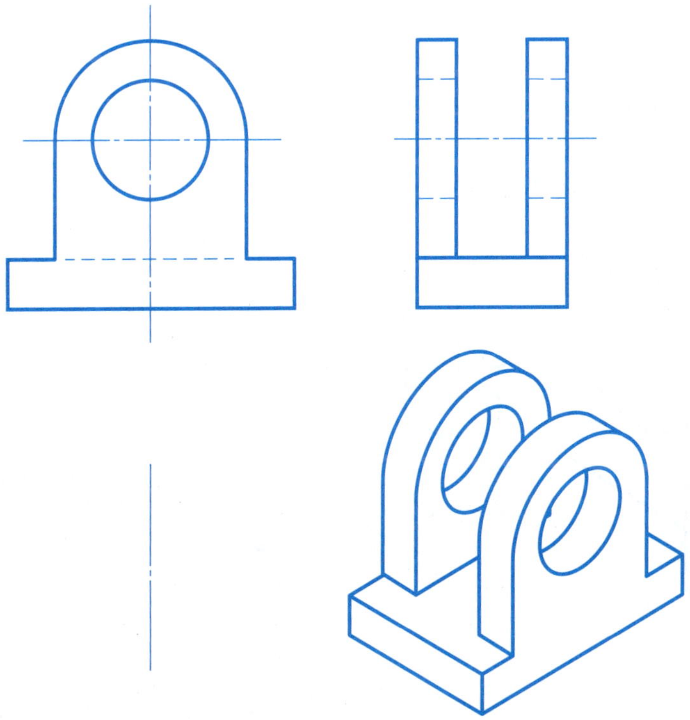 ⑥

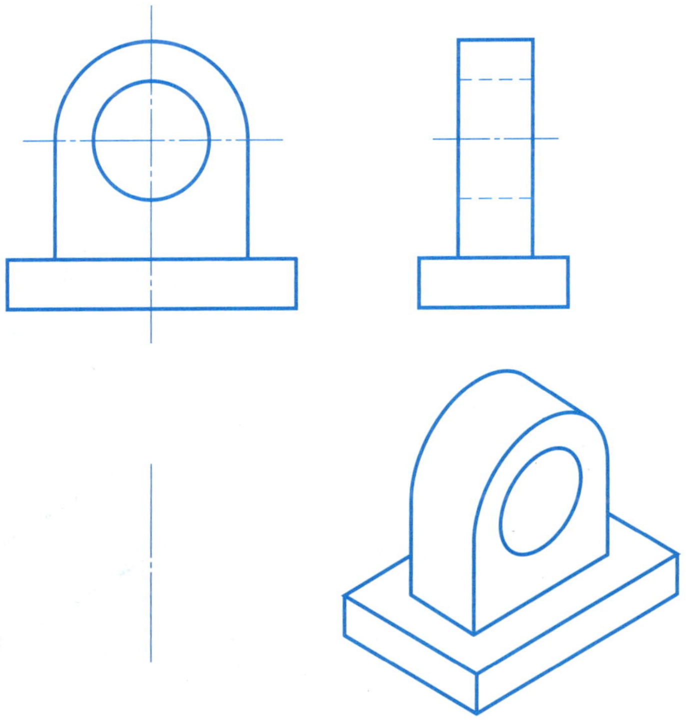

第 5 章 组合体

班级_____ 姓名_____ 学号_____

5.2 画组合体视图

2) 根据所给轴测图，徒手画出三视图。

①

②

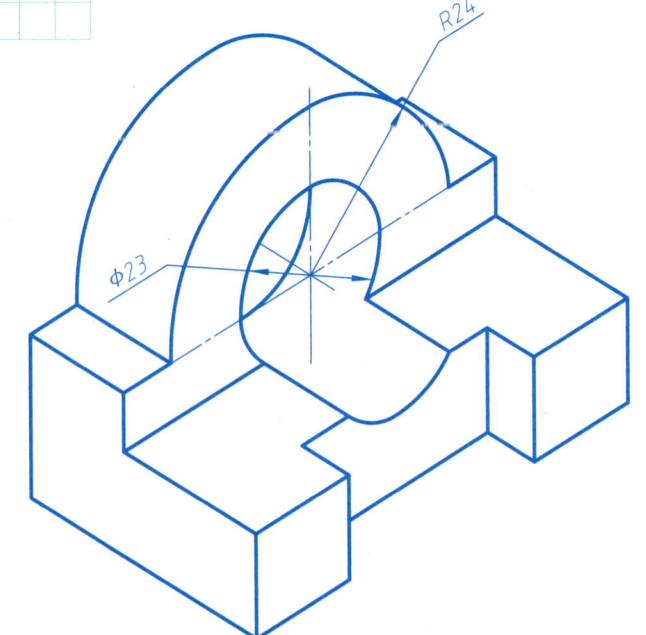

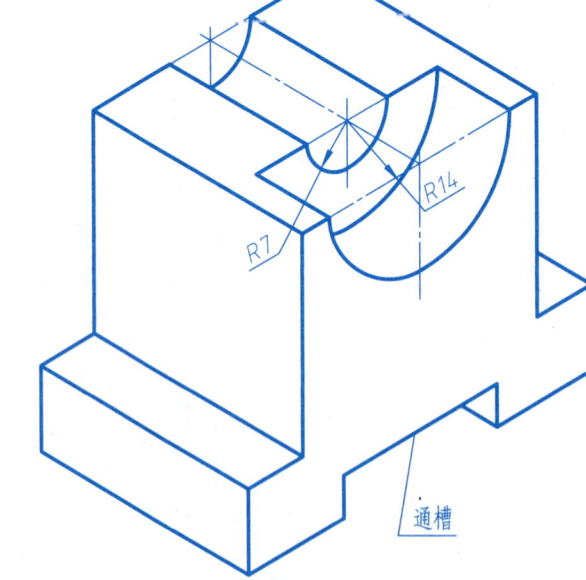

第 5 章 组合体

班级_____ 姓名_____ 学号_____

5.3 组合体的尺寸注法

1) 标注尺寸（从视图上度量后取整）。

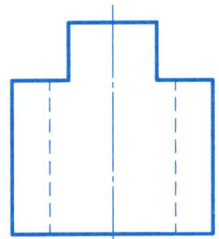

2) 标注尺寸（从视图上度量后取整）。

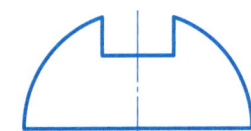
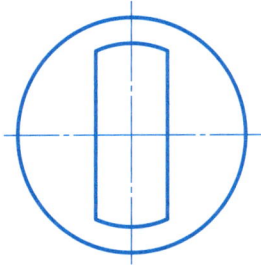

3) 标注尺寸（从视图上度量后取整）。

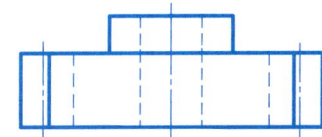
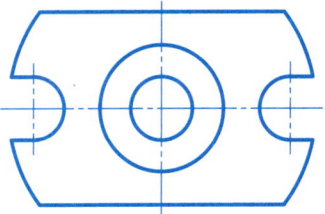

4) 标注尺寸（从视图上度量后取整）。

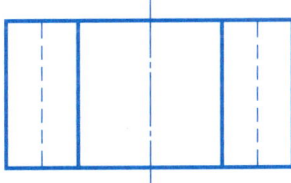
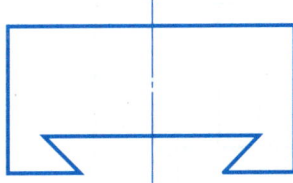

5) 标注尺寸（从视图上度量后取整）。

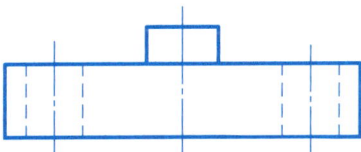
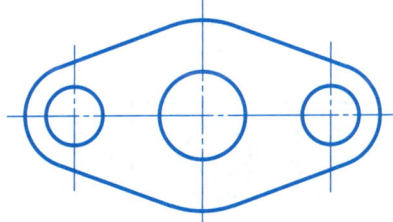

6) 标注尺寸（从视图上度量后取整）。

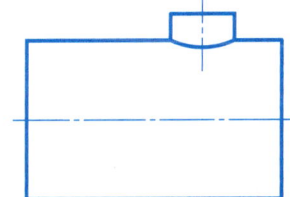
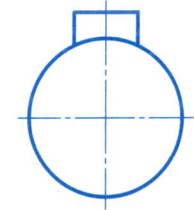
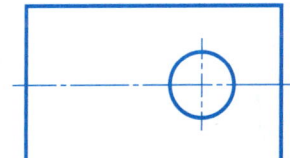

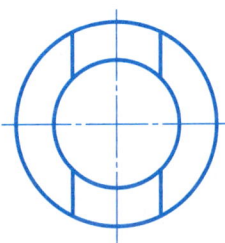

第 5 章 组合体

5.4 读组合体视图

1) 根据已知的两个视图，补画出第三个视图。

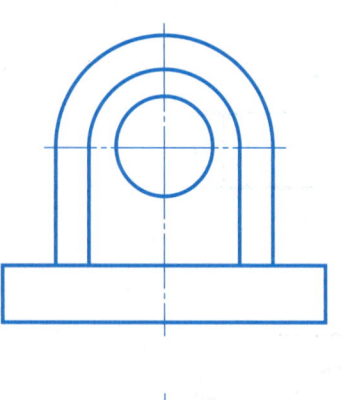

2) 根据已知的两个视图，补画出第三个视图。

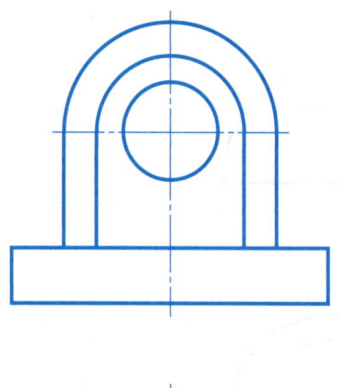

3) 根据已知的两个视图，补画出第三个视图。

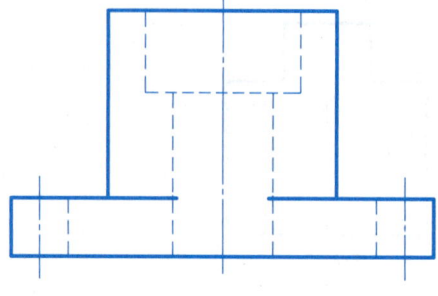

4) 根据已知的两个视图，补画出第三个视图。

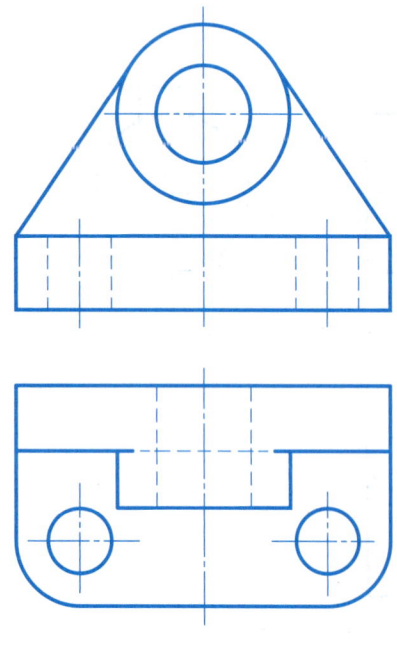

5) 根据已知的两个视图，补画出第三个视图。

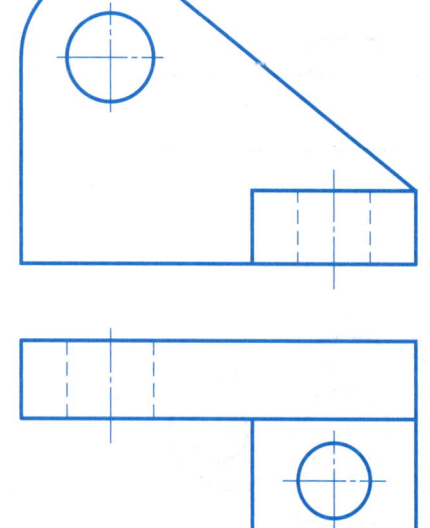

6) 根据已知的两个视图，补画出第三个视图。

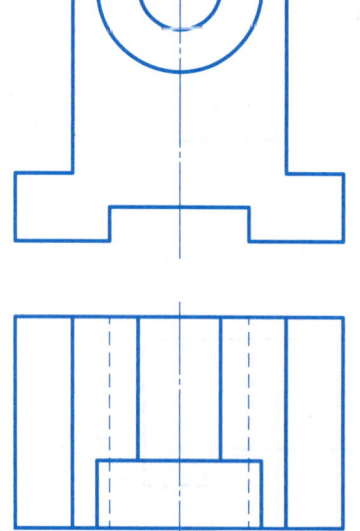

第 5 章 组合体

班级_____ 姓名_____ 学号_____

5.4 读组合体视图

7) 根据已知的两个视图，补画出第三个视图。

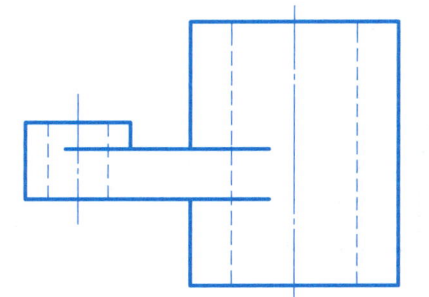

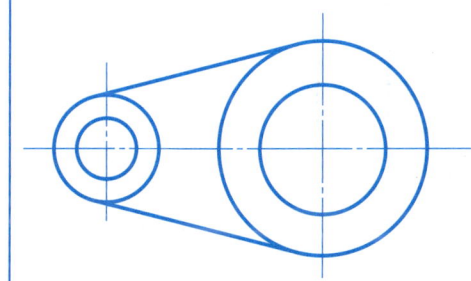

8) 根据已知的两个视图，补画出第三个视图。

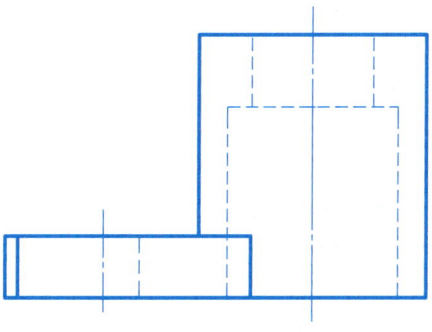

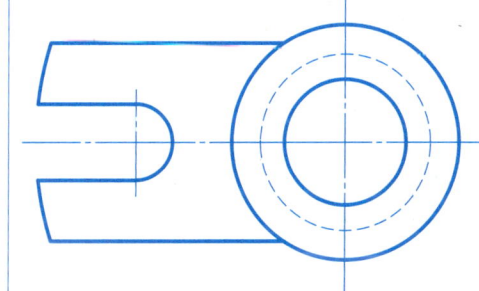

9) 根据已知的两个视图，补画出第三个视图。

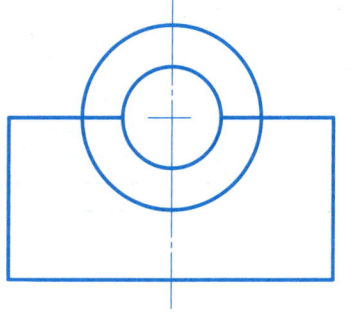

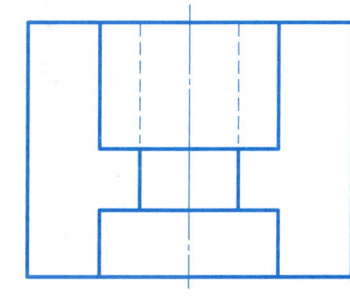

10) 根据已知的两个视图，补画出第三个视图。

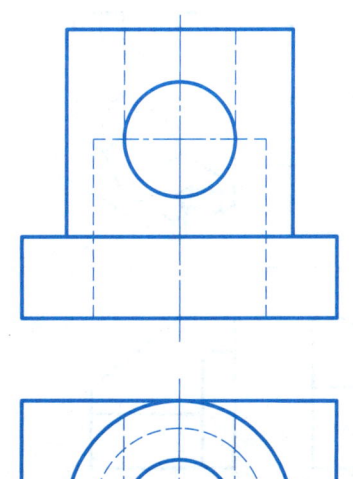

11) 根据已知的两个视图，补画出第三个视图。

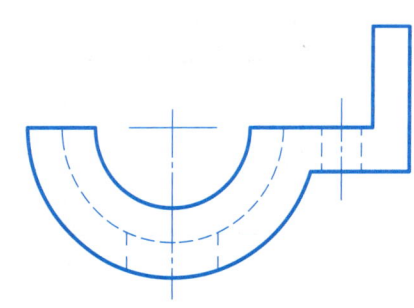

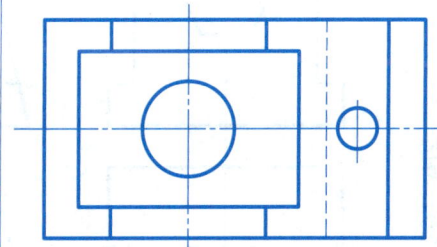

12) 根据已知的两个视图，补画出第三个视图。

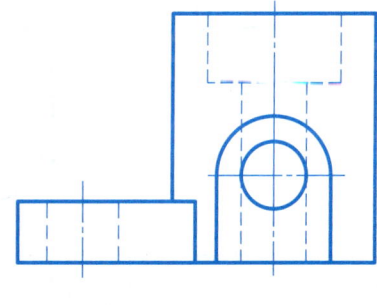

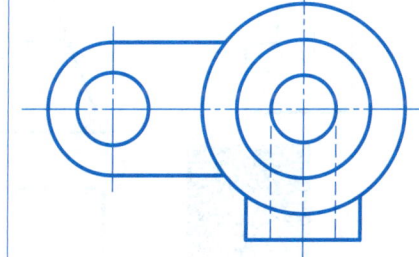

第 5 章 组合体

班级_____ 姓名_____ 学号_____

5.4 读组合体视图

13）根据已知的两个视图，补画出第三个视图。

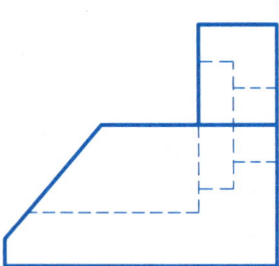 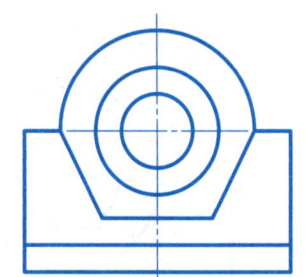

14）根据已知的两个视图，补画出第三个视图。

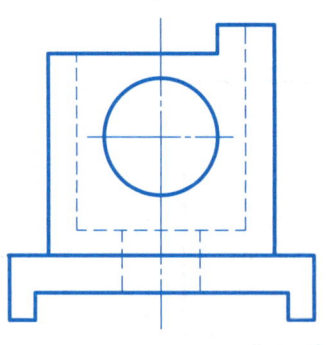

15）根据已知的两个视图，补画出第三个视图。

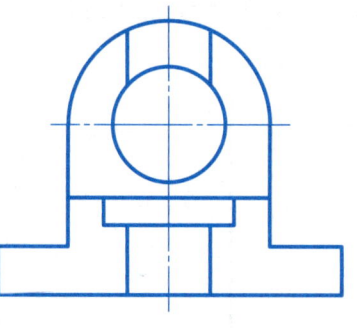

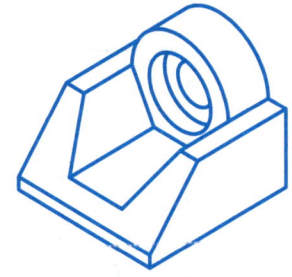

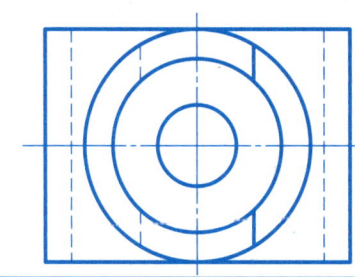

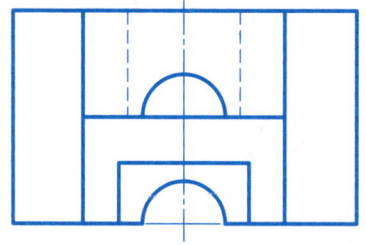

16）补画组合体视图中的漏线。

①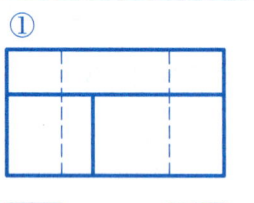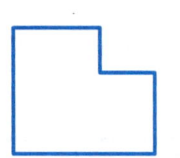

②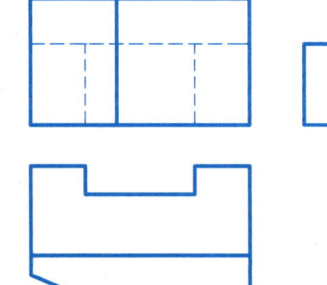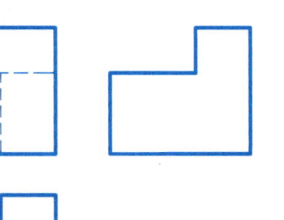

③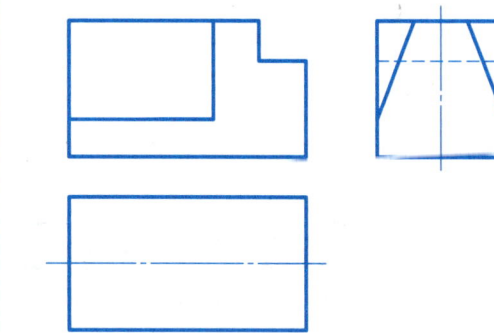

④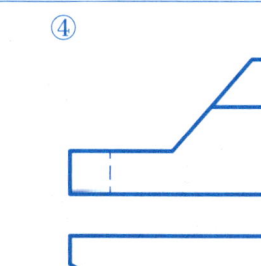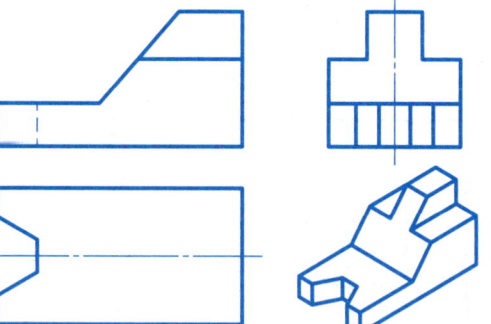

⑤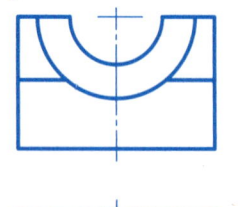

立体模型
5.4.16.5

⑥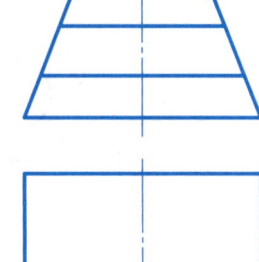

立体模型
5.4.16.6

⑦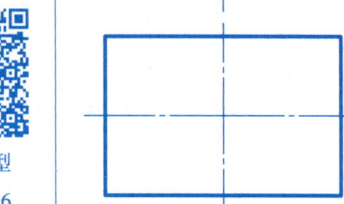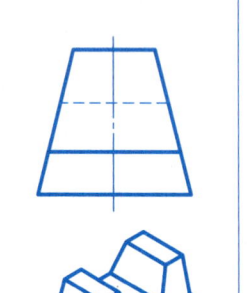

⑧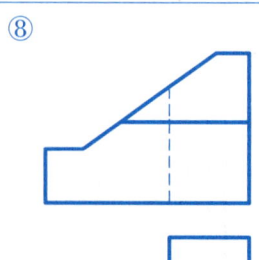

立体模型
5.4.16.8

第 5 章 组合体

班级_____ 姓名_____ 学号_____

5.5 组合体构型设计

根据已知视图，构思不同形状的组合体，画出另外两个视图。

①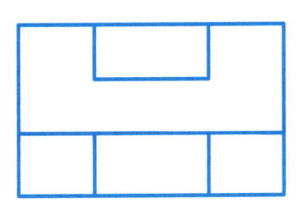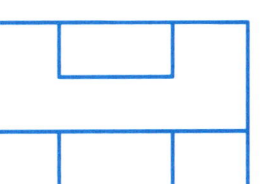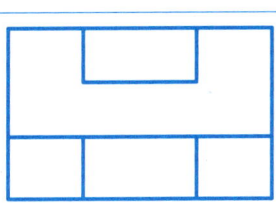

②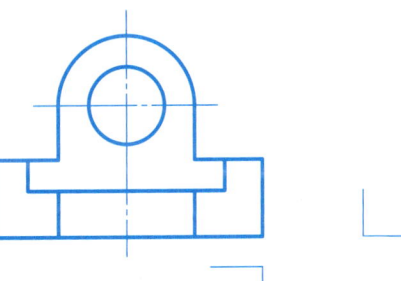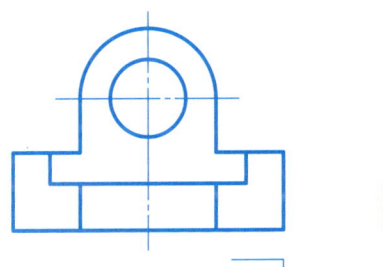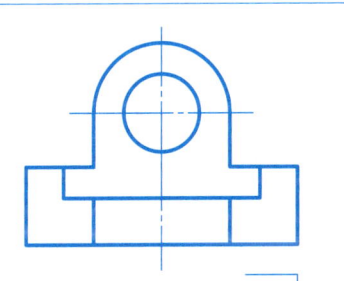

③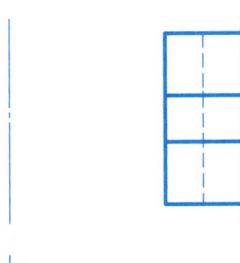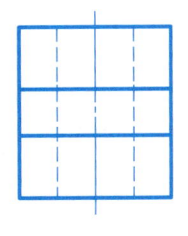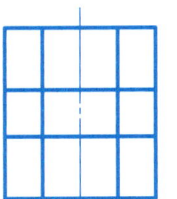

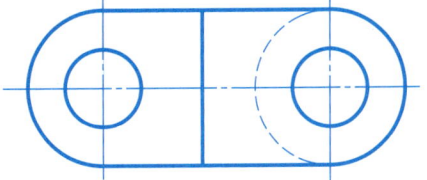 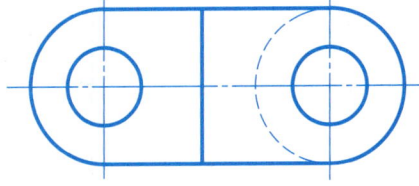 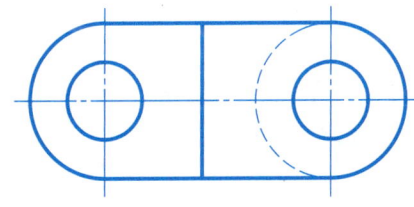

第 5 章 组合体

班级_____ 姓名_____ 学号_____

5.6 组合体单元测验

1) 根据已知的两个视图，补画出第三个视图。

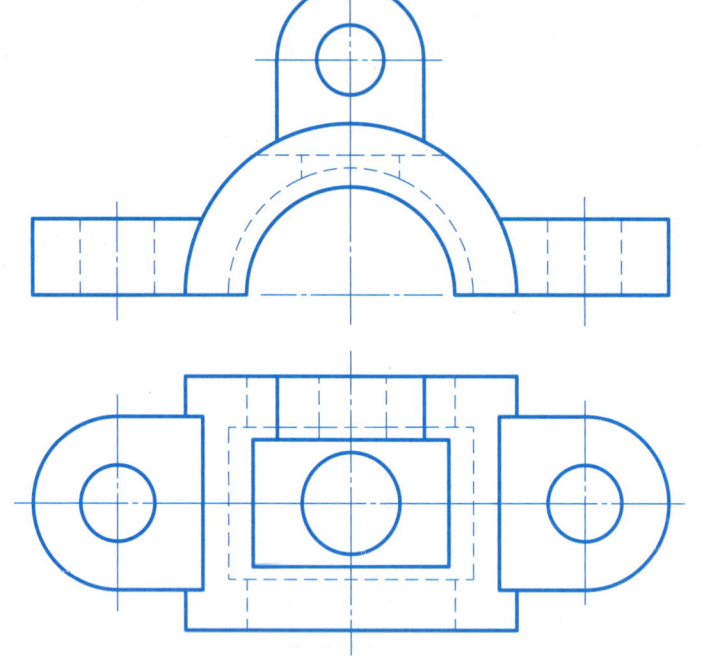

立体模型
5.6.1

2) 补全三视图中所缺漏的尺寸（尺寸从视图上按比例1:1量取，并取整数）。

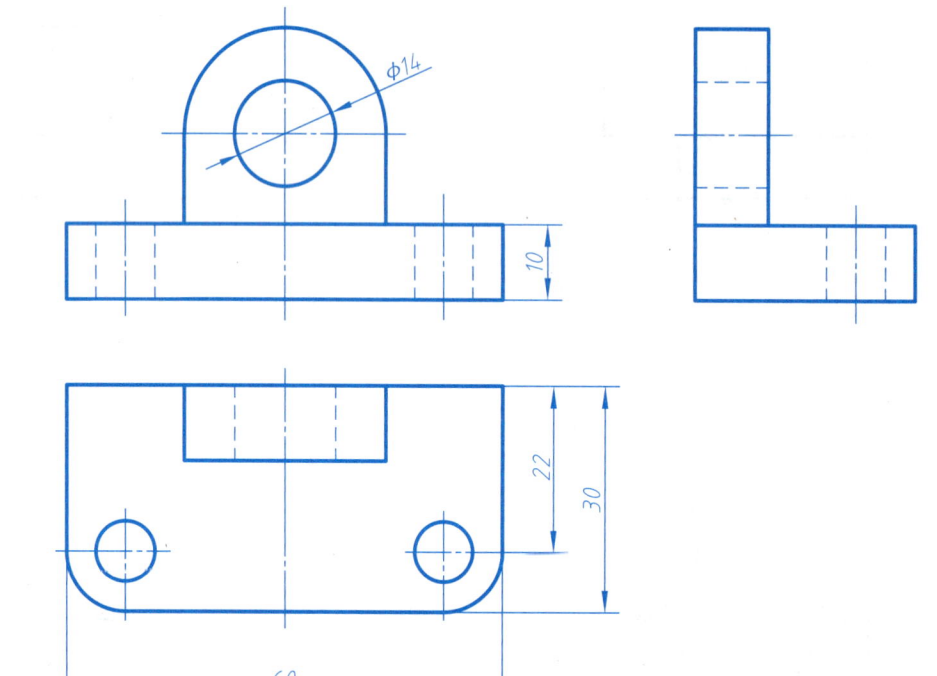

3) 根据已知的两个视图，补画出第三个视图。

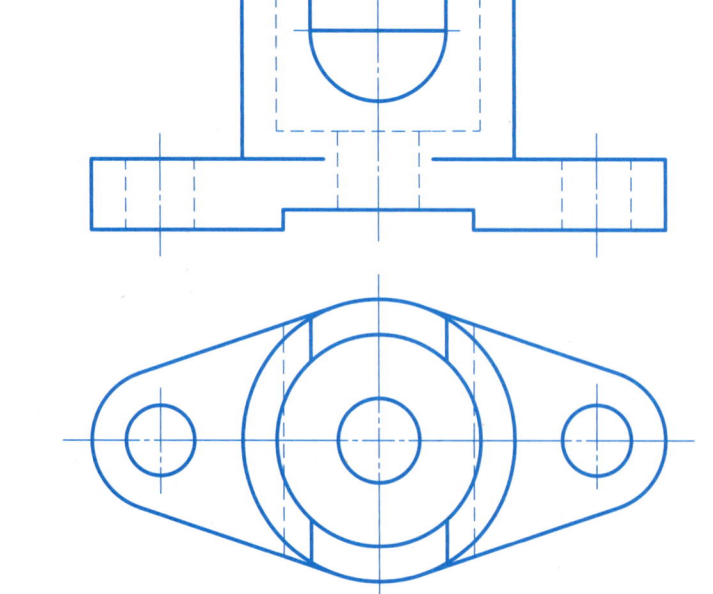

4) 补全三视图中所缺漏的尺寸（尺寸从视图上按比例1:1量取，并取整数）。

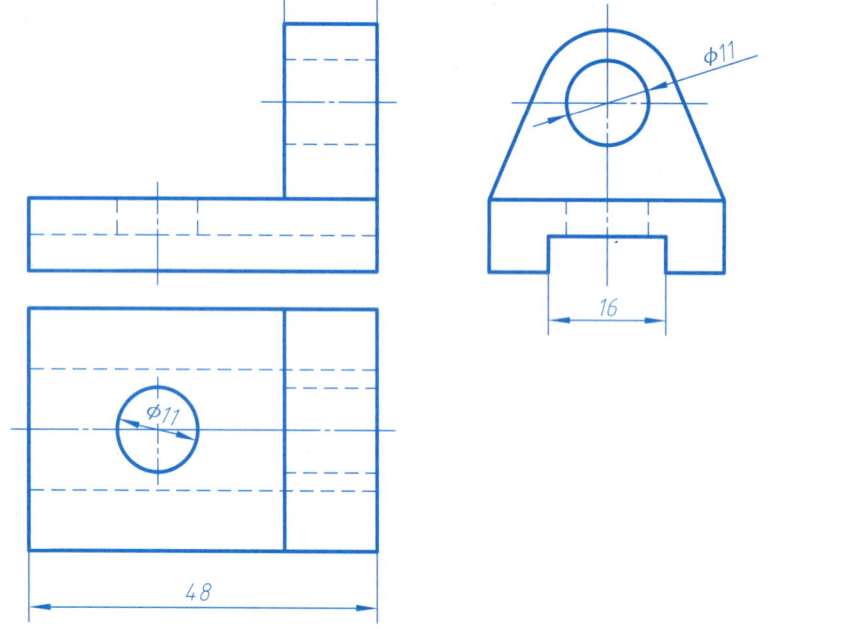

第 5 章 组合体

班级_____ 姓名_____ 学号_____

5.6 组合体单元测验

5)根据已知的两个视图,补画出第三个视图。

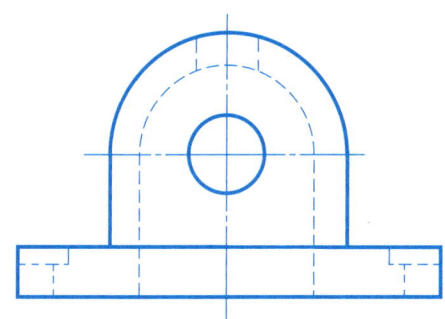
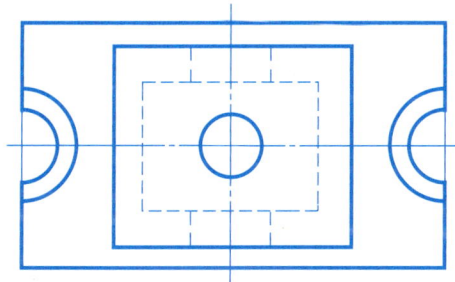

6)补全三视图中所缺漏的尺寸(尺寸从视图上按比例1:1量取,并取整数)。

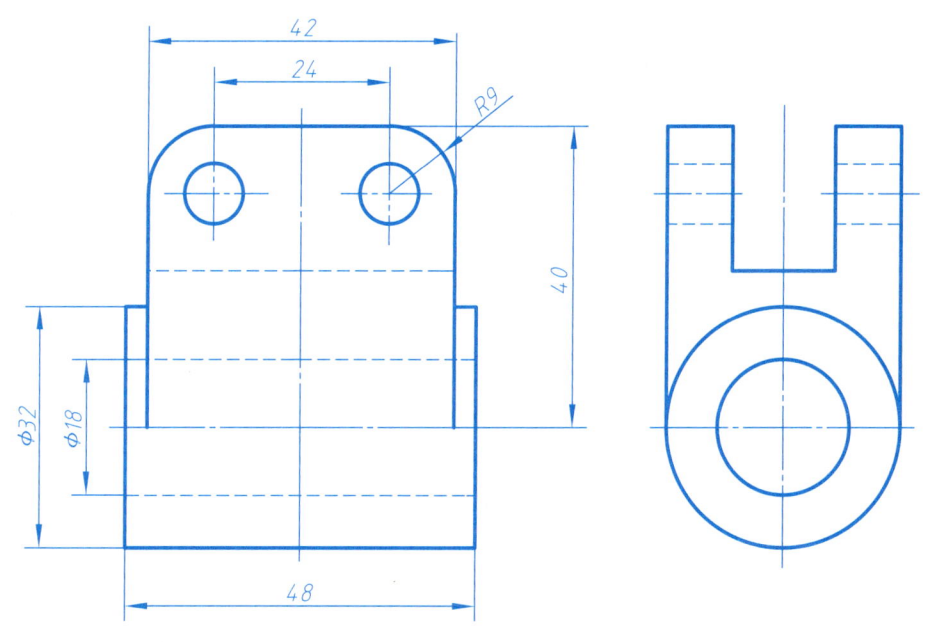

7)根据已知的两个视图,补画出第三个视图。

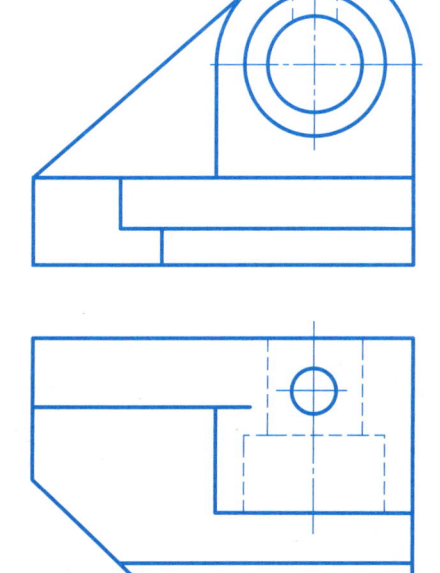

8)补全三视图中所缺漏的尺寸(尺寸从视图上按比例1:1量取,并取整数)。

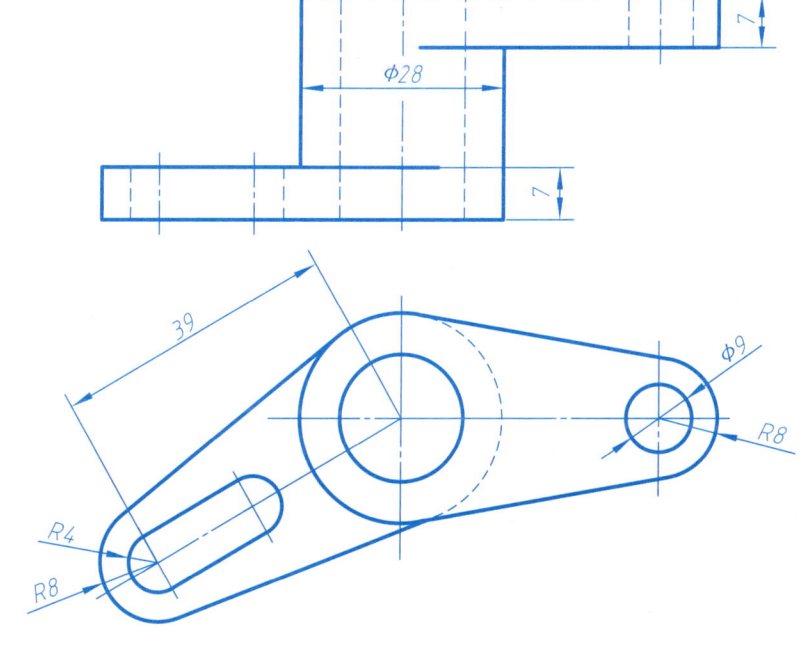

第 5 章 组合体

5.6 组合体单元测验

9）根据已知的两个视图，补画出第三个视图。

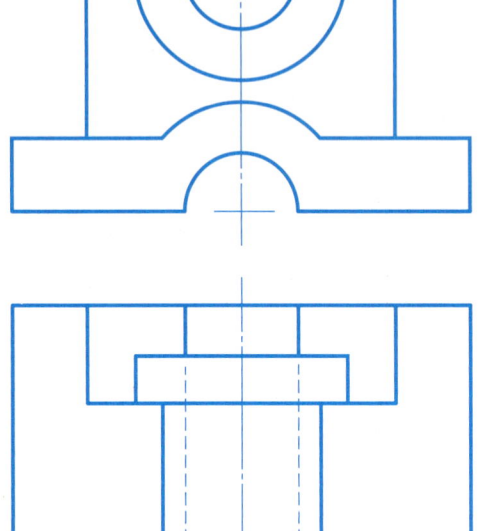

立体模型 5.6.9

10）补全三视图中所缺漏的尺寸（尺寸从视图上按比例 1∶1 量取，并取整数）。

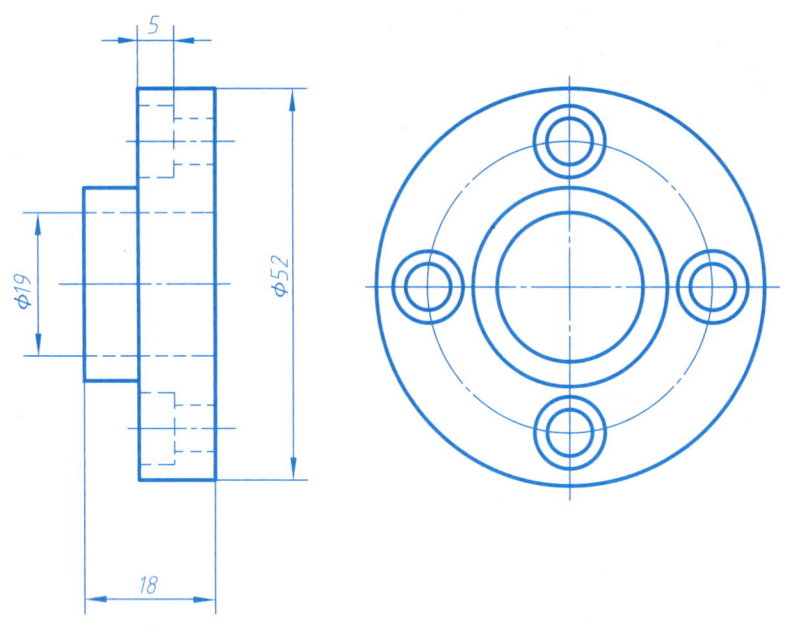

11）根据已知的两个视图，补画出第三个视图。

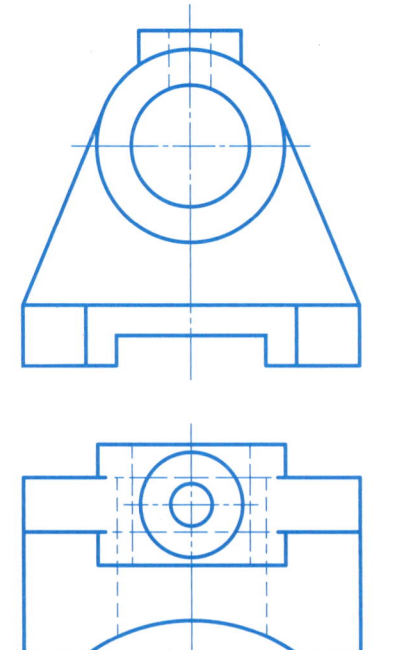

立体模型 5.6.11

12）补全三视图中所缺漏的尺寸（尺寸从视图上按比例 1∶1 量取，并取整数）。

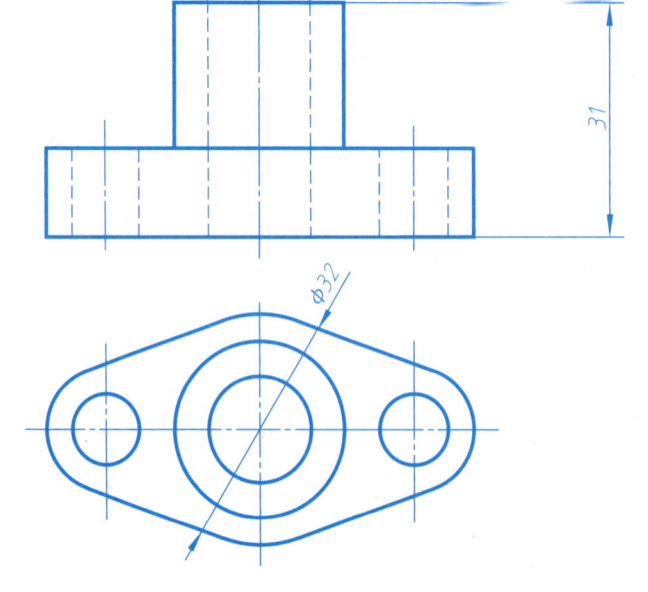

第 5 章 组合体

班级_____ 姓名_____ 学号_____

5.6 组合体单元测验

13) 根据已知的两个视图,补画出第三个视图。

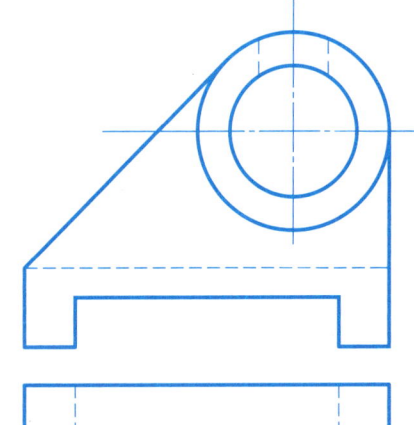
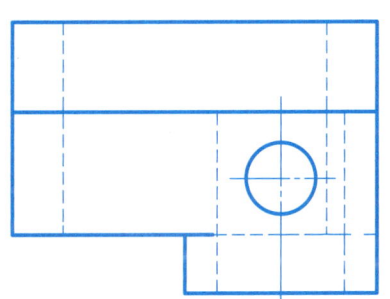

立体模型
5.6.13

14) 补全三视图中所缺漏的尺寸 (尺寸从视图上按比例 1∶1 量取,并取整数)。

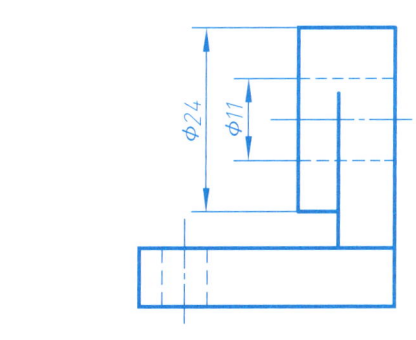
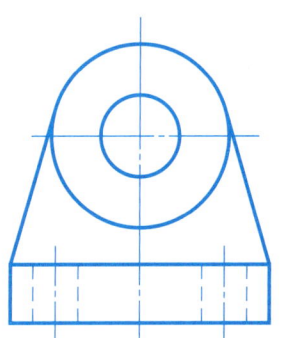
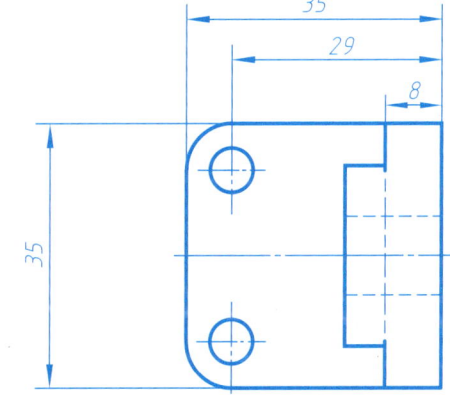

15) 根据已知的两个视图,补画出第三个视图。

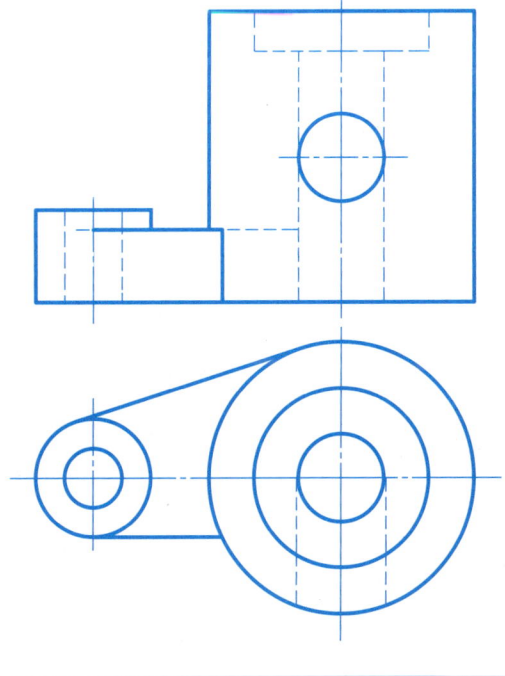

16) 补全三视图中所缺漏的尺寸 (尺寸从视图上按比例 1∶1 量取,并取整数)。

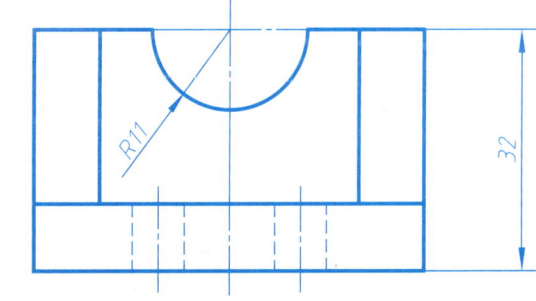
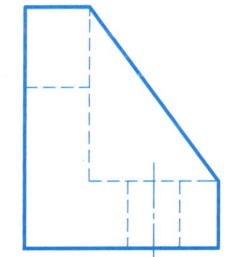
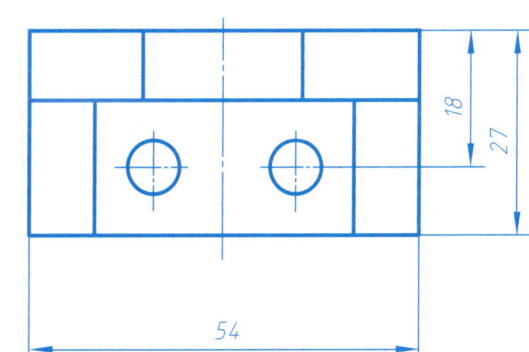

第 6 章 机件常用的表达方法

6.1 主题任务

1. 内容

根据已给的视图及尺寸，选择合适的表达方案，画出剖视图及其他视图，并标注尺寸。

2. 要求

1) A3 图纸幅面、横放，比例为 1:1。
2) 根据物体的结构特点，选用适当的表达方法。
3) 在完整、清晰地表达物体形状的前提下，力求制图简便。
4) 尺寸标注正确、完整、清晰。

3. 目的

1) 熟悉表达机件内、外结构形状的各种方法（包括视图、剖视图和断面图等）。
2) 熟悉国家标准《机械制图》《技术制图》图样画法中有关各种表达方法的规定。
3) 能够对复杂机件的内外结构做出正确的图样选择，具有综合的表达能力。

4. 绘图步骤与注意事项

1) 形体分析。
2) 表达方案的选择。
3) 根据视图所给的尺寸，布置各部分表达视图的位置（注意各视图之间要留出标注尺寸的位置）。
4) 完整、清晰地画出各部分表达视图。
5) 检查修正错误，擦掉多余线条，按线型要求加深各图线。
6) 按要求标注其尺寸。
7) 线型、字体等应符合国家标准的要求。

①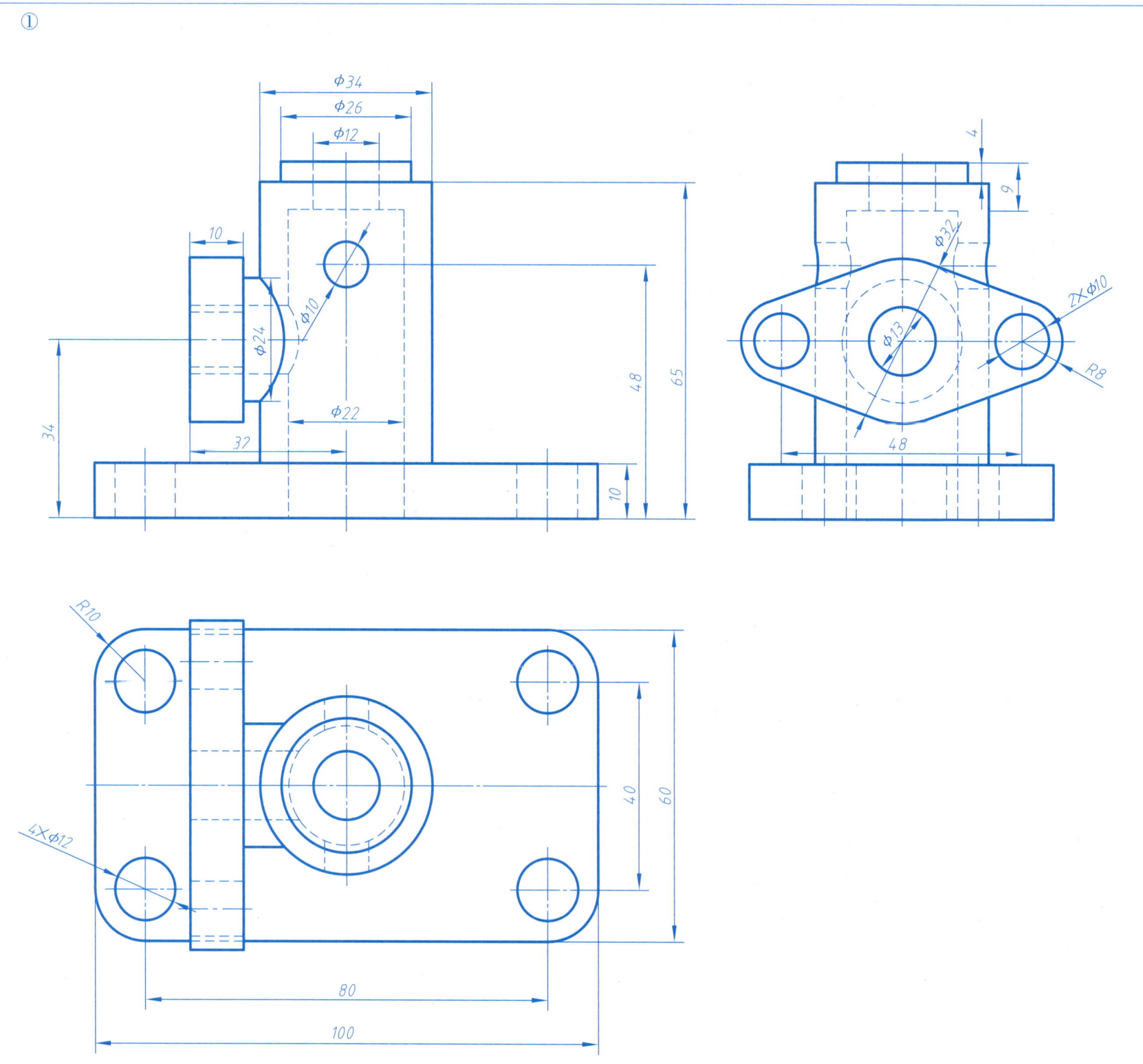

第 6 章 机件常用的表达方法

6.1 主题任务

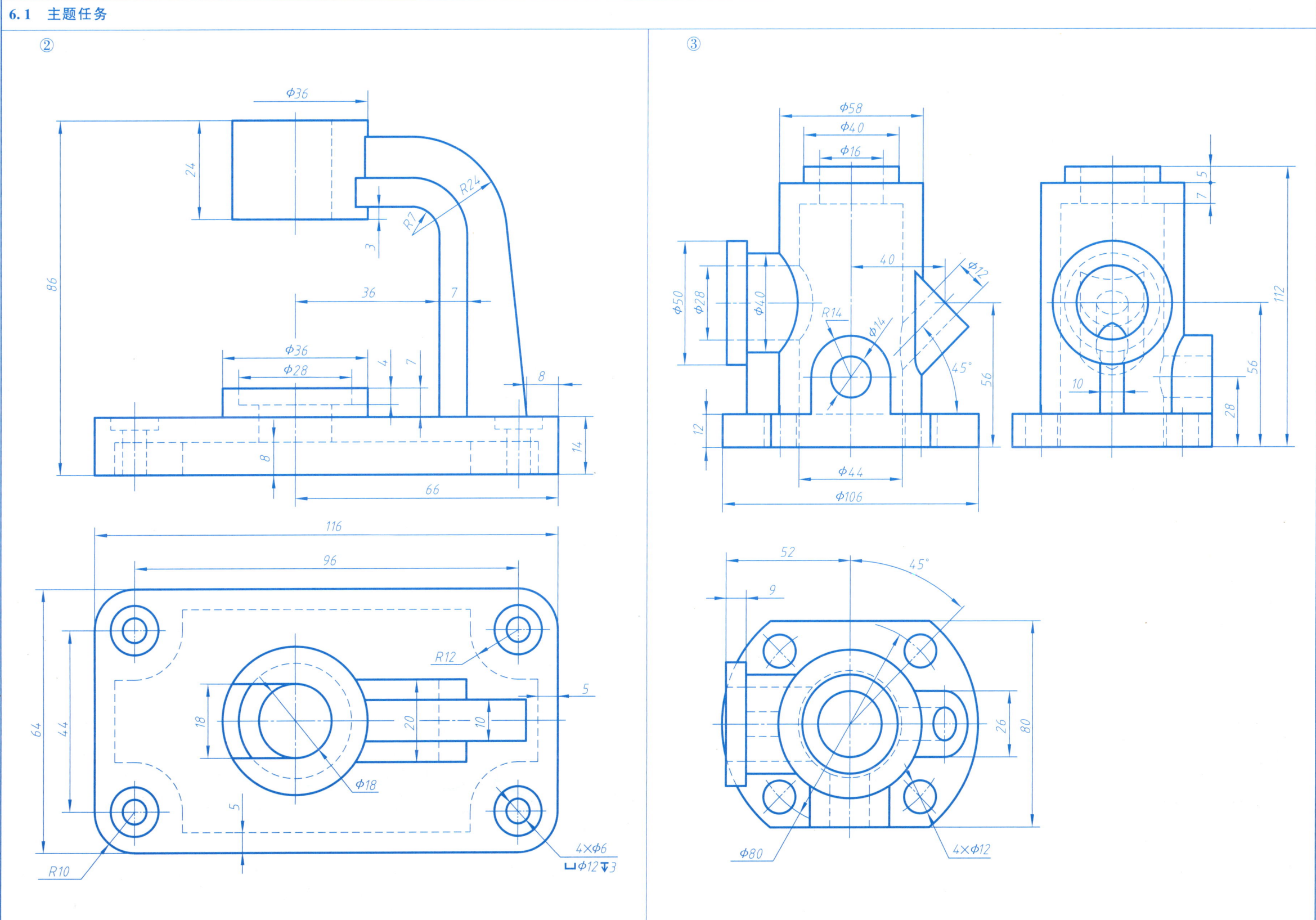

第 6 章 机件常用的表达方法

6.2 视图

1) 画出机件的其余三个基本视图。

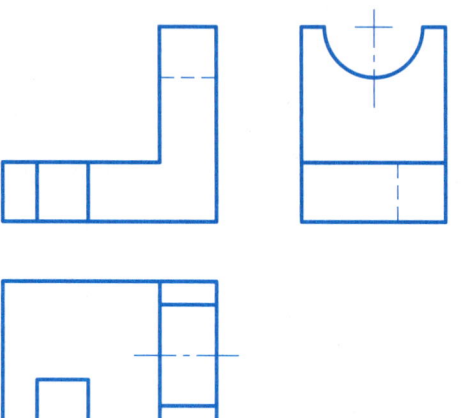

2) 作 A 向局部视图。

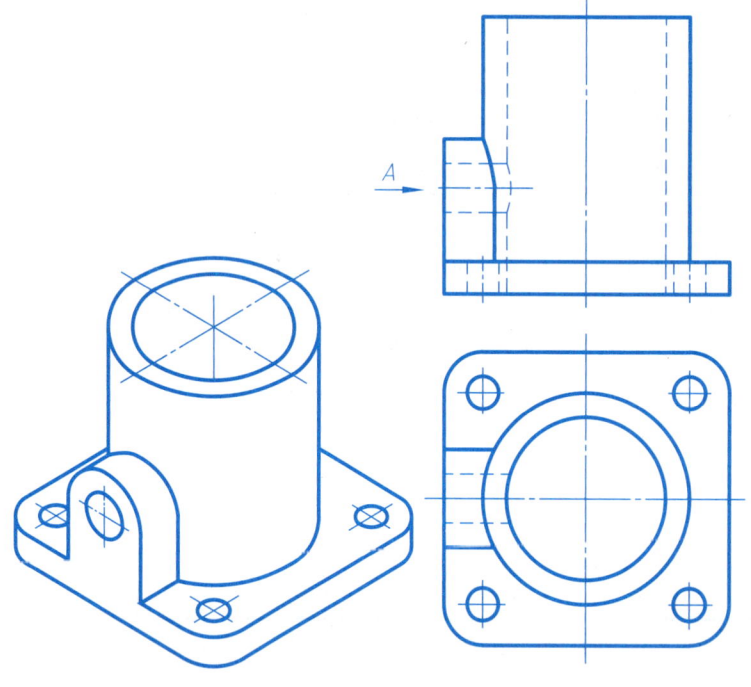

3) 作 A 向斜视图。

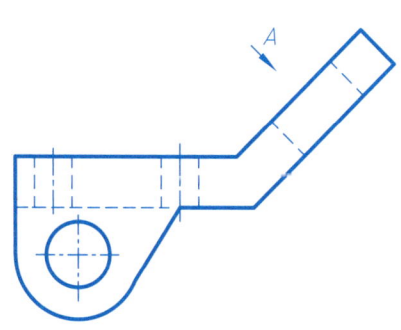

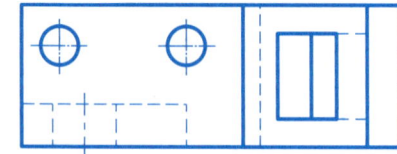

4) 作 A 向斜视图。

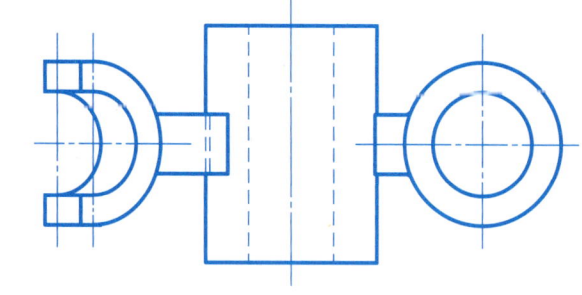

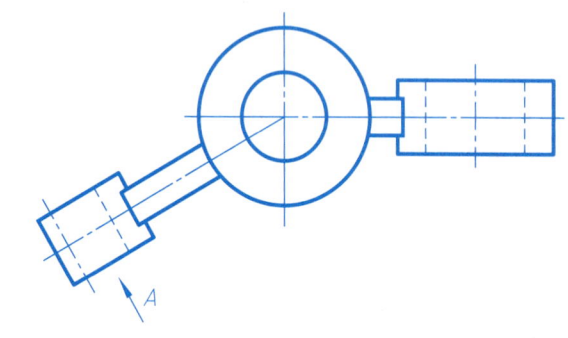

第 6 章 机件常用的表达方法

6.3 剖视图

1) 补全剖视图中的漏线。

①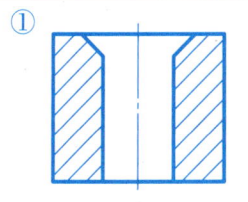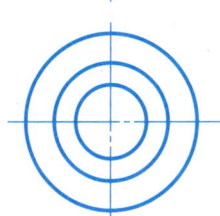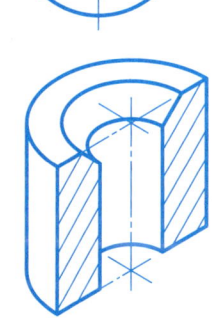
②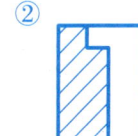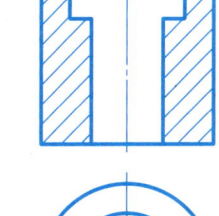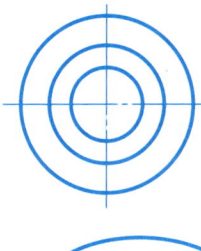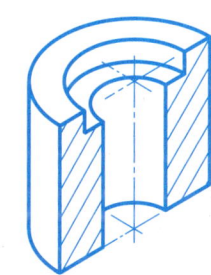
③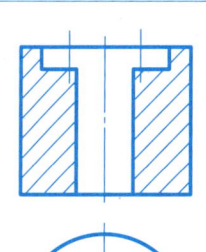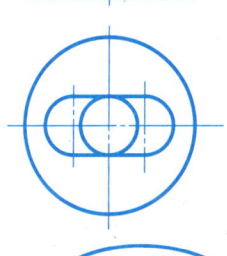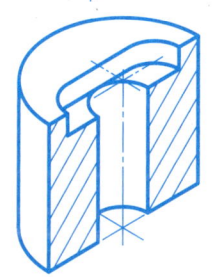
④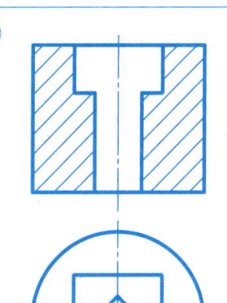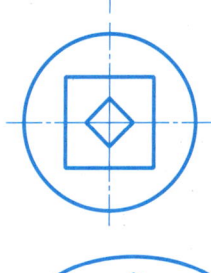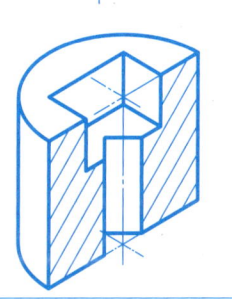
⑤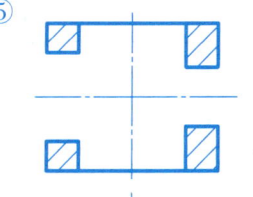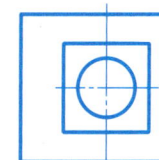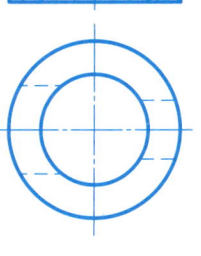

2) 在指定位置把主视图画成全剖视图。

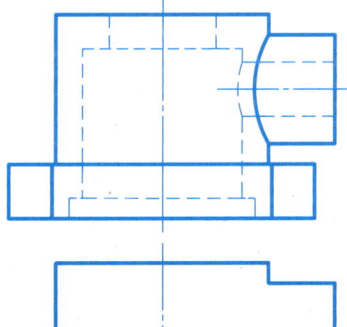
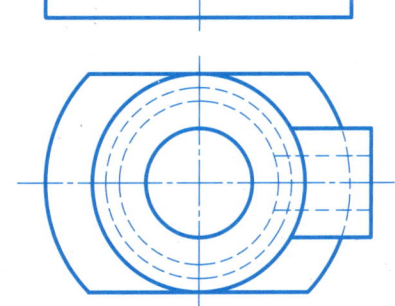
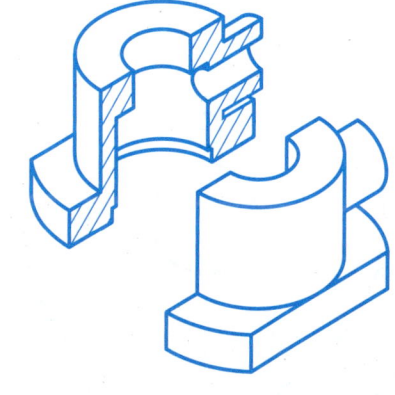

3) 在指定位置把主视图画成全剖视图。

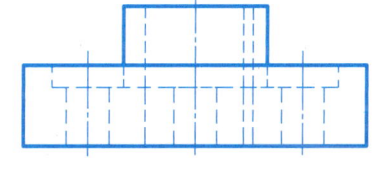
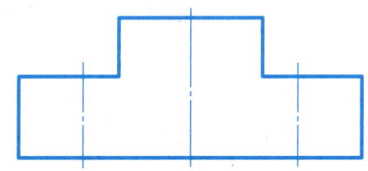
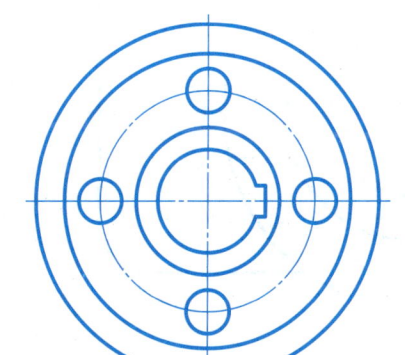
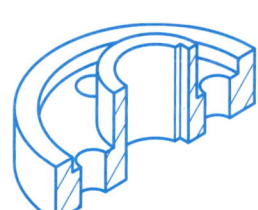
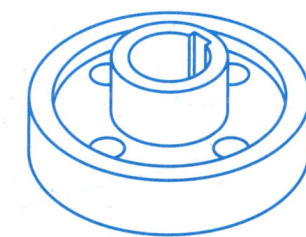

第 6 章 机件常用的表达方法

6.3 剖视图

4) 在指定位置作全剖的主视图。

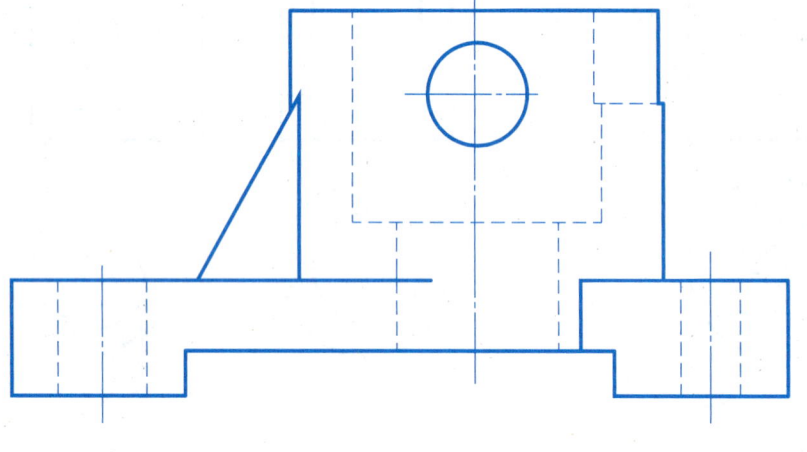

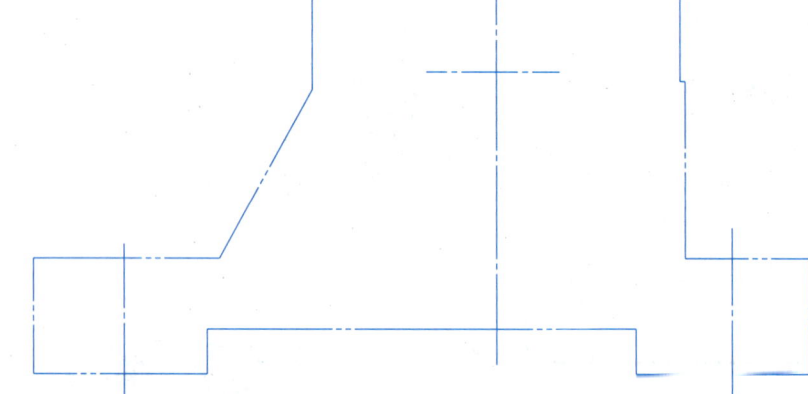

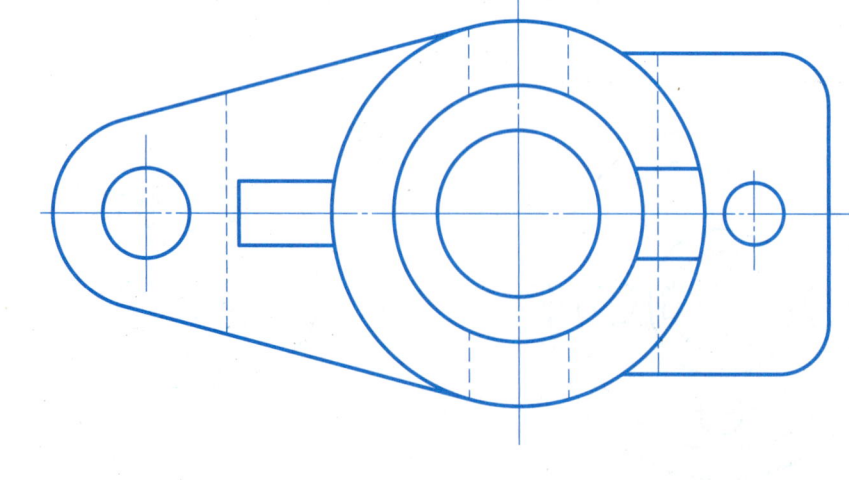

5) 在指定位置作半剖的主视图及全剖的左视图。

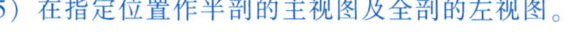

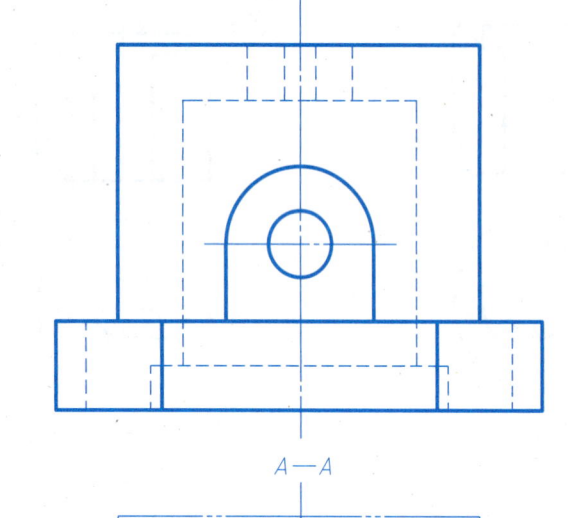

A—A

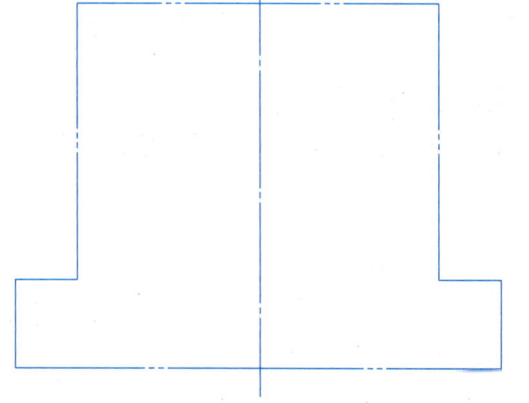

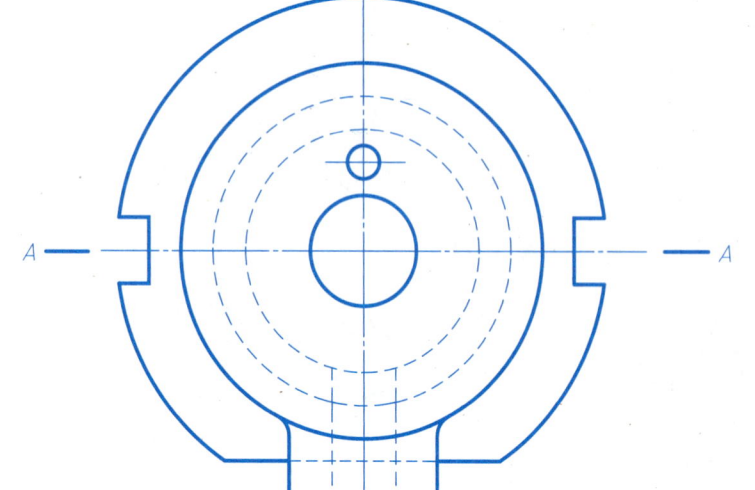

第 6 章 机件常用的表达方法

6.3 剖视图

6) 分析视图中的错误，作出正确的剖视图。

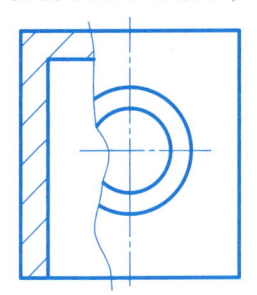 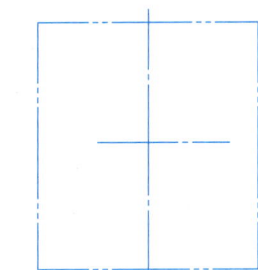 
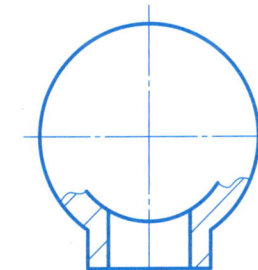 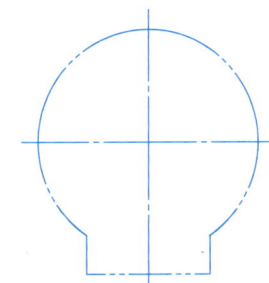 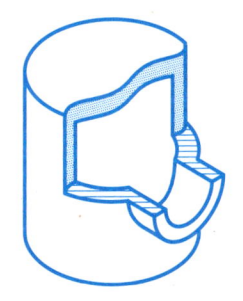

7) 将主、俯视图改画成局部剖视图。

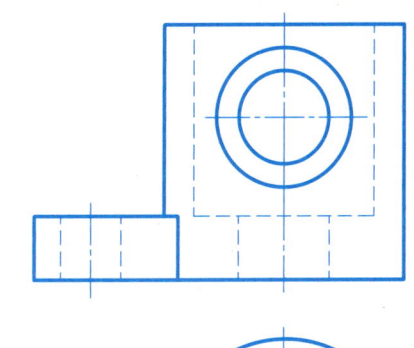
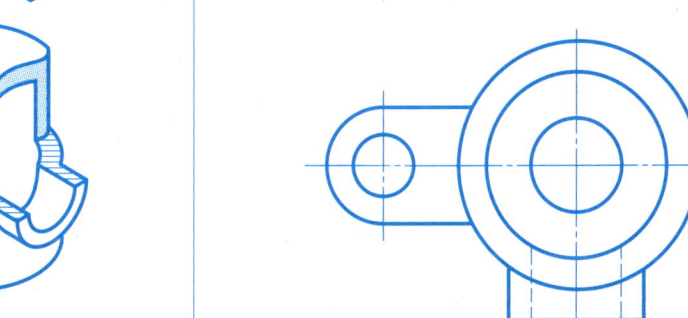

8) 在指定位置处将主视图画成全剖视图。

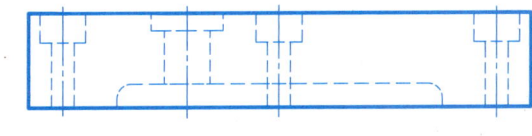

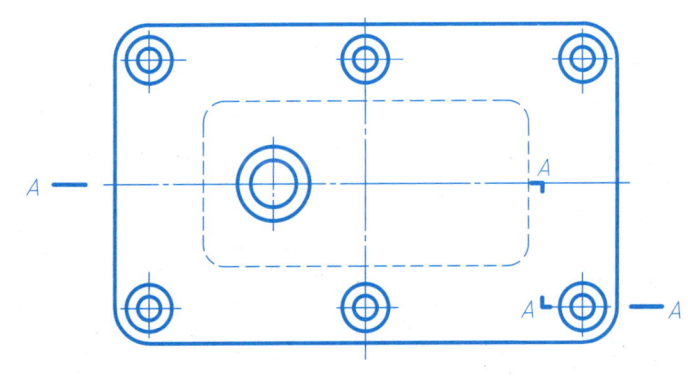

9) 在指定位置处将主视图画成全剖视图。

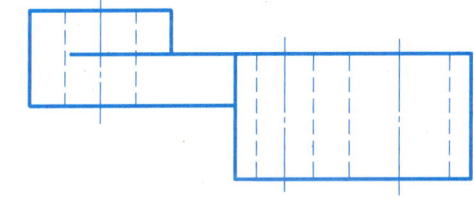
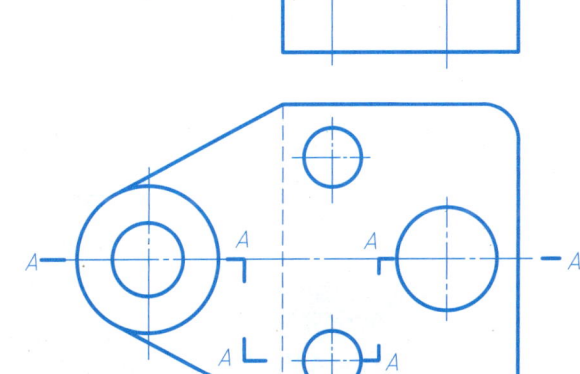

10) 在指定位置处将主视图画成全剖视图。

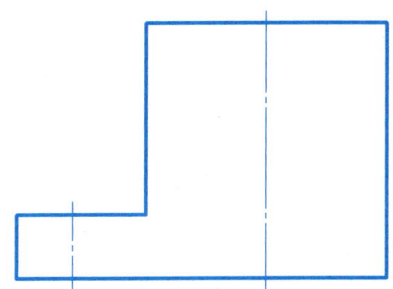
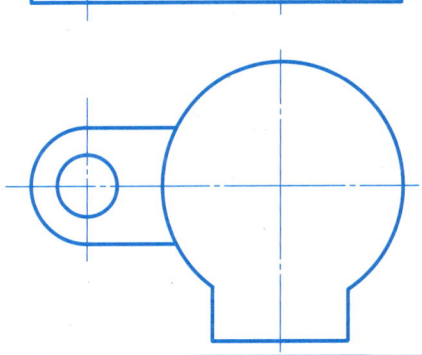
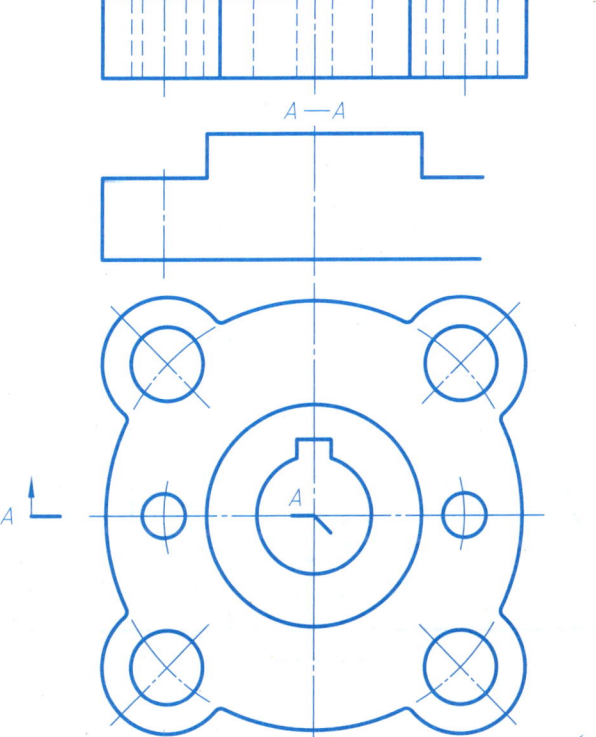

立体模型
6.3.10

第 6 章 机件常用的表达方法

6.4 拓展训练

1) 在指定位置处作半剖的主视图及全剖的左视图。

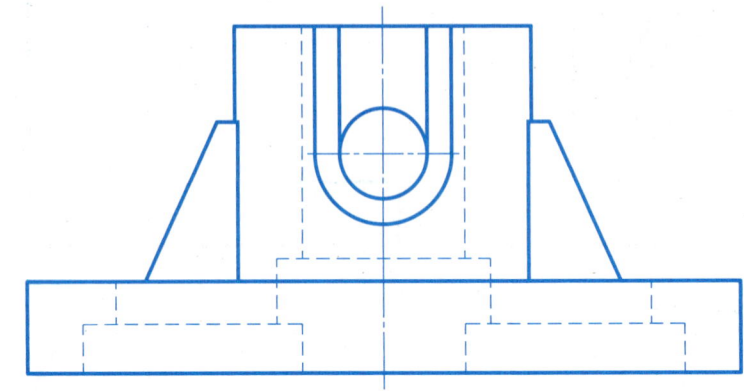

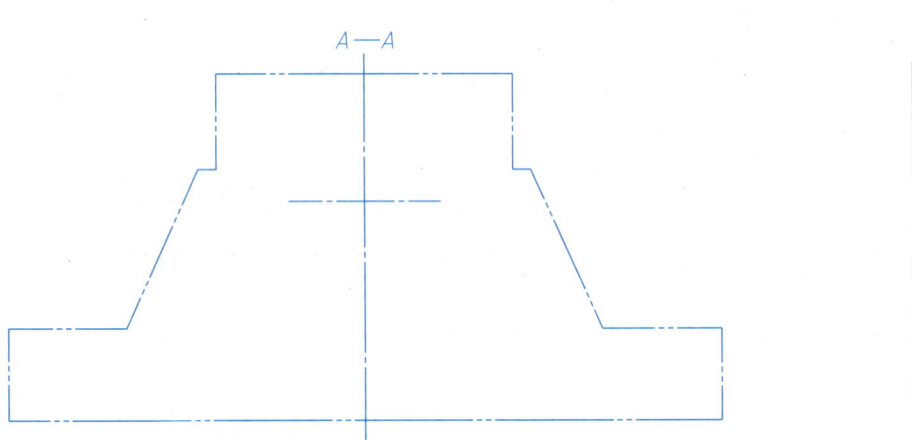

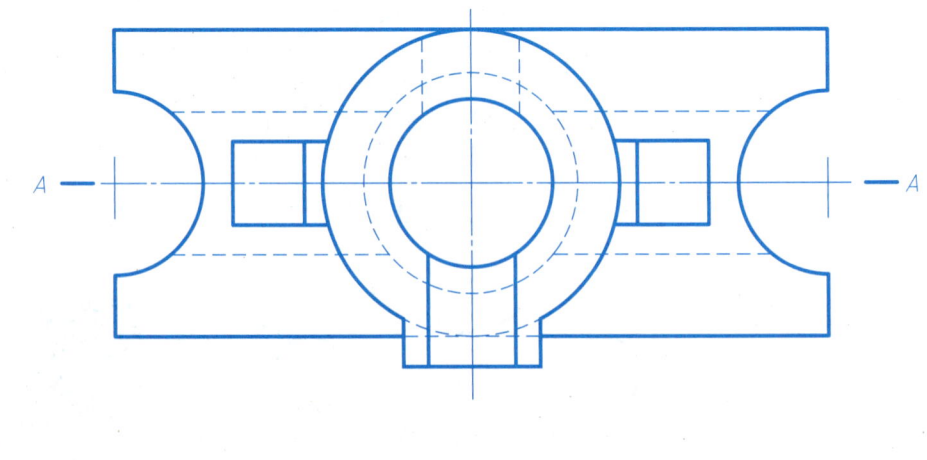

立体模型
6.4.1

2) 在指定位置处将主视图画成 A—A 半剖视图，将左视图画成全剖视图。

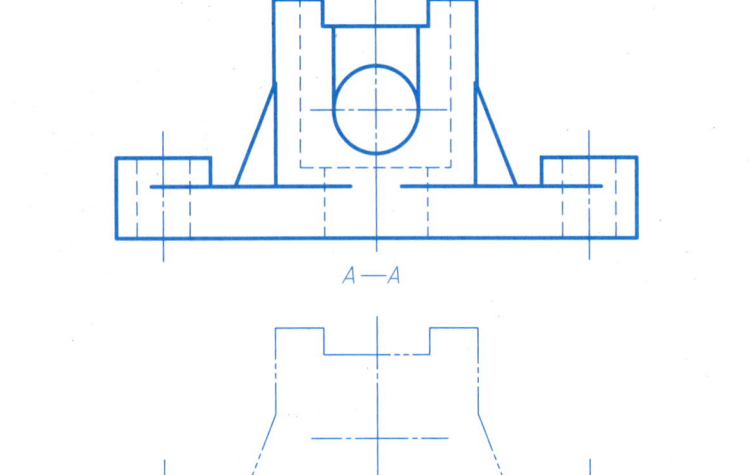

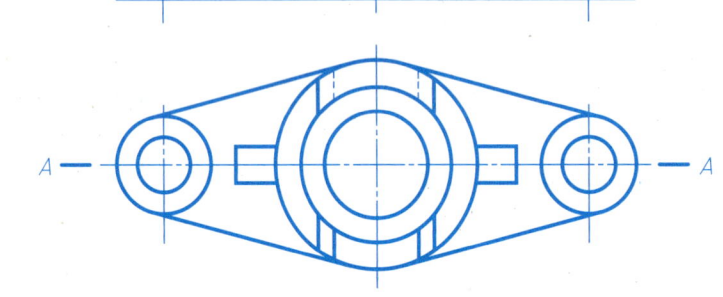

3) 按简化画法，在右侧指定位置处将主视图改画成全剖视图。

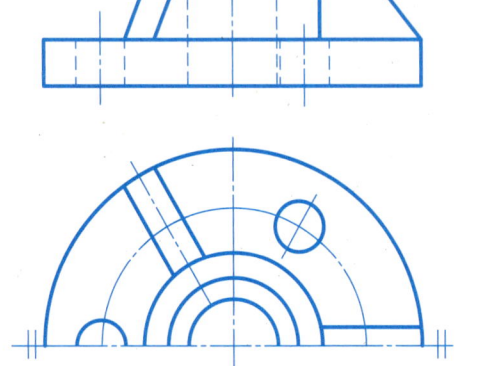
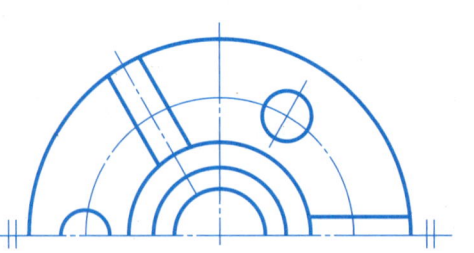

第6章 机件常用的表达方法

6.4 拓展训练

4）在指定位置作 C—C 剖视图。

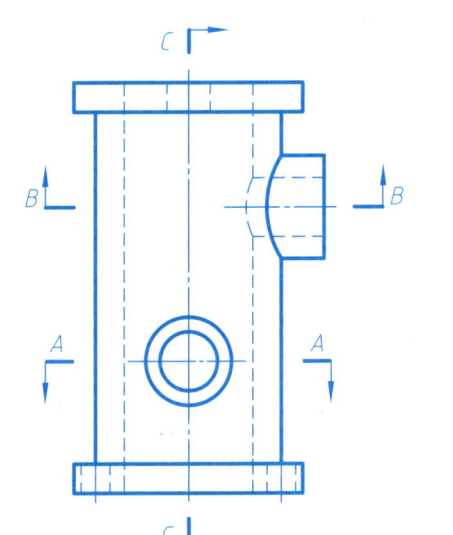

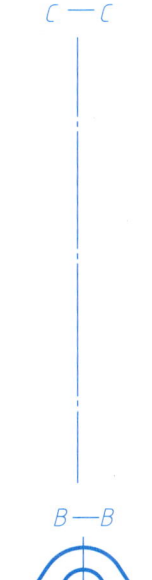

5）用适当的表达方法画出 A—A 剖视图，并标注出剖切位置。

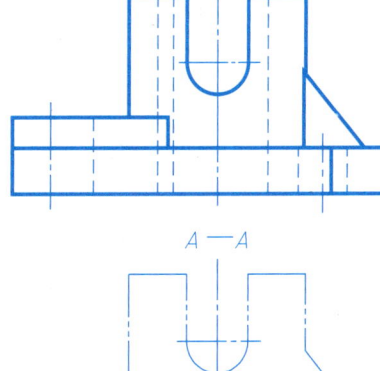
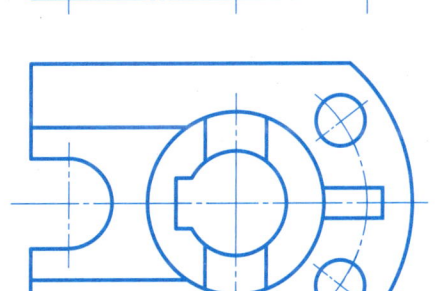

6）在指定位置处画出全剖的主视图和半剖的左视图。

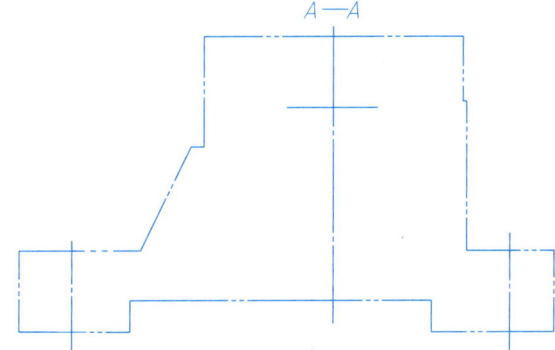
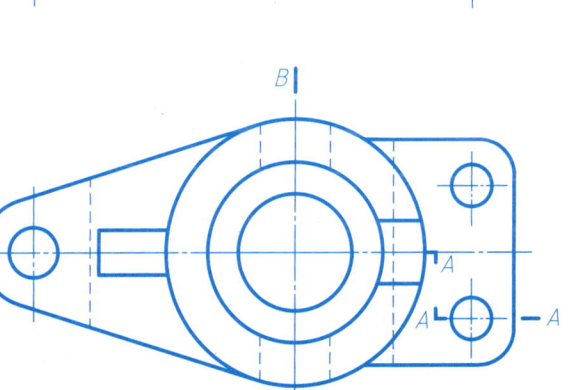

7）用第三角投影补画出机件的其余三个基本视图。

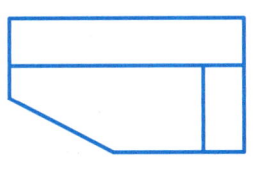

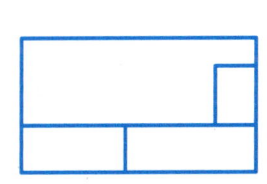

第6章 机件常用的表达方法

6.5 断面图

1) 画出轴在指定位置剖切的断面图。

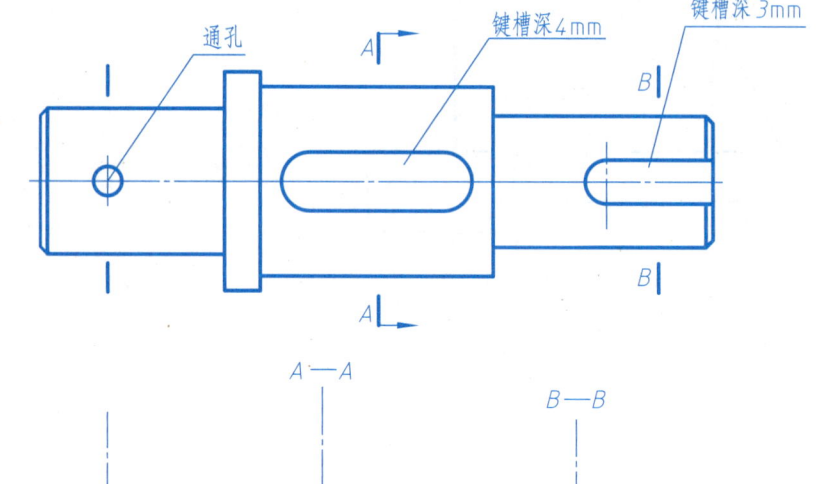

2) 画出轴在指定位置剖切的断面图。

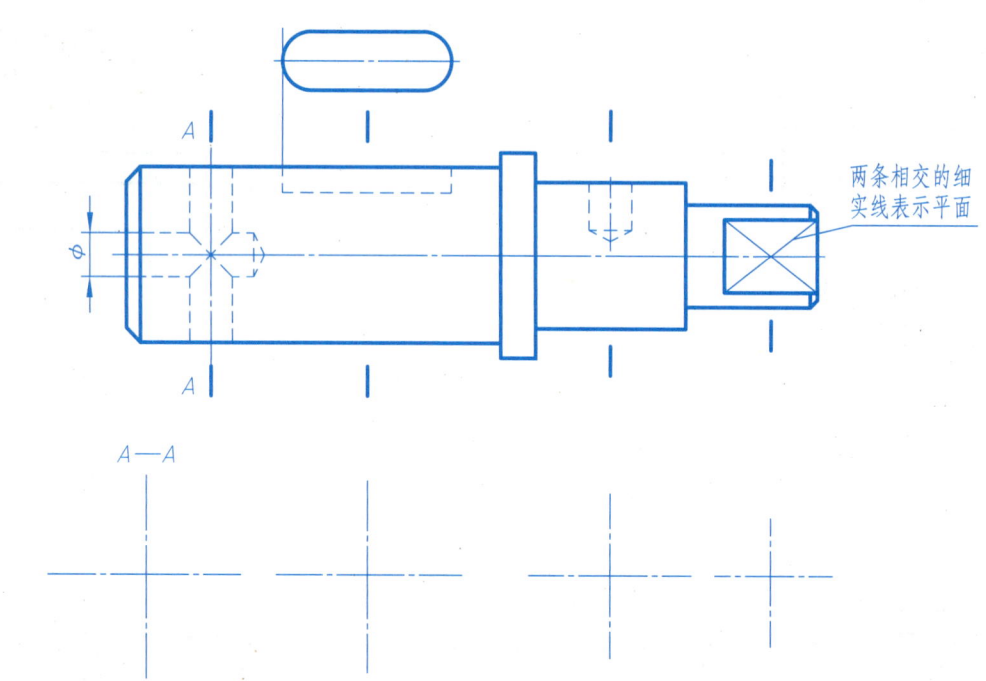

3) 画出轴在指定位置剖切的断面图。

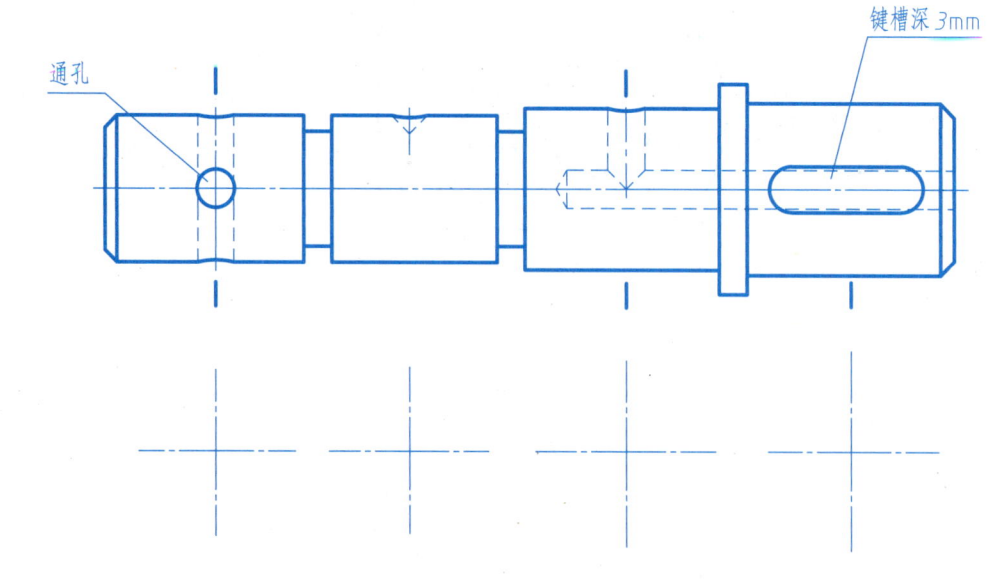

4) 找出支架中断面图画法的错误，并在右侧的视图中画出正确的移出断面图和重合断面图。

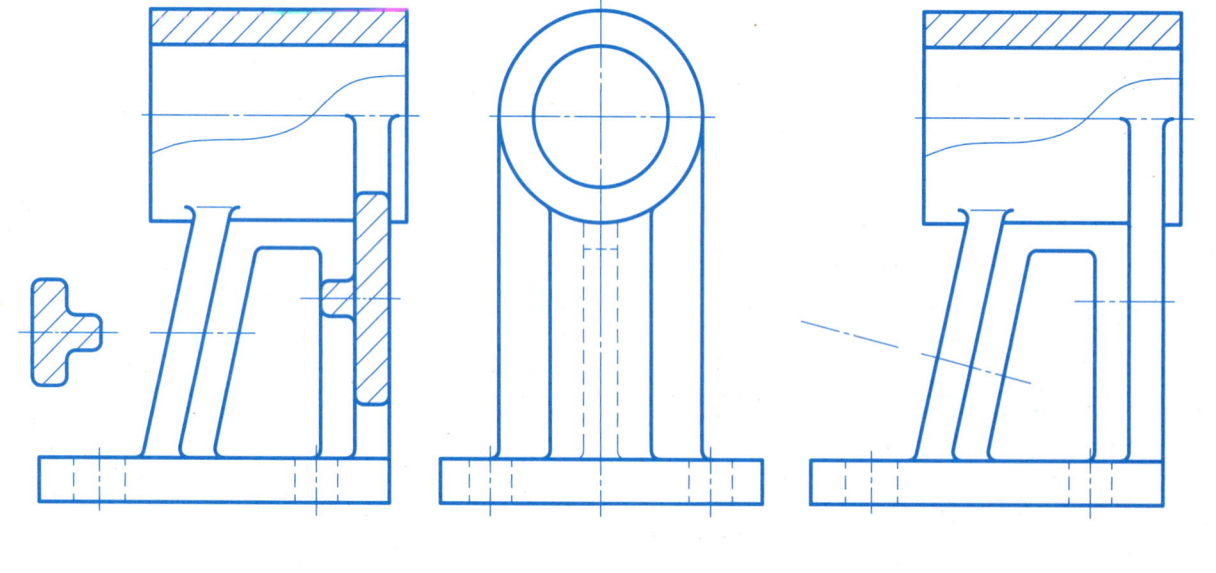

第6章 机件常用的表达方法

6.6 机件常用的表达方法单元测验

1) 在指定位置作半剖的主视图及半剖的俯视图。

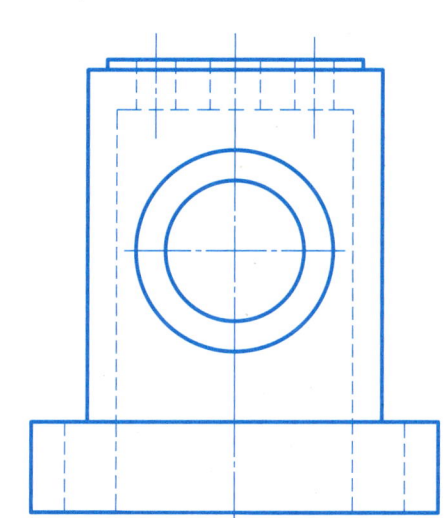
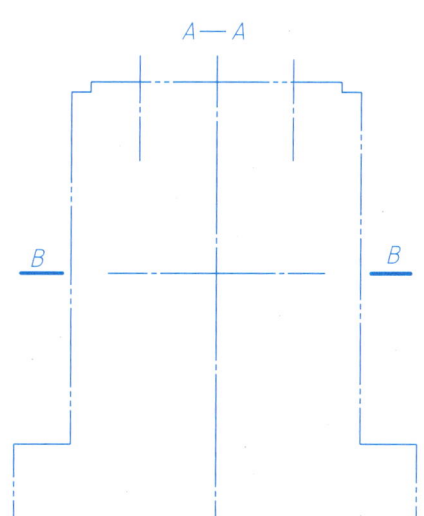
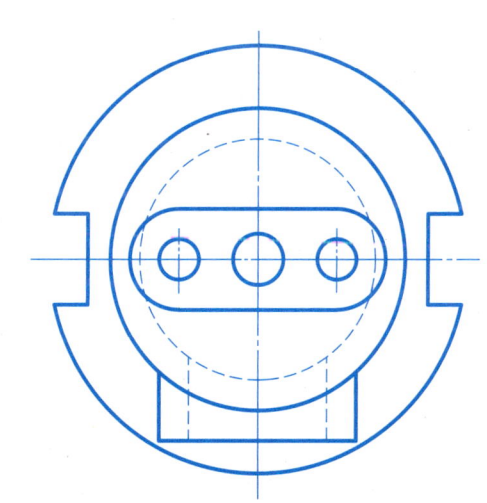
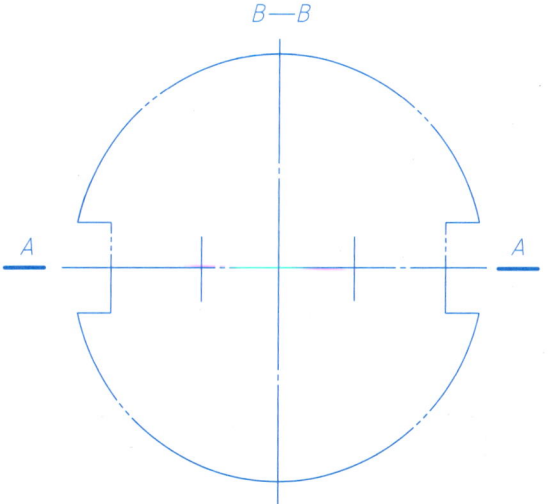

2) 画出轴在指定位置剖切的断面图。

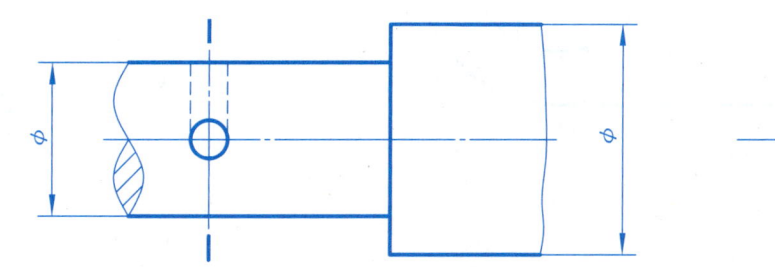

3) 在指定位置作出 A—A 全剖的主视图及 B—B 半剖的左视图。

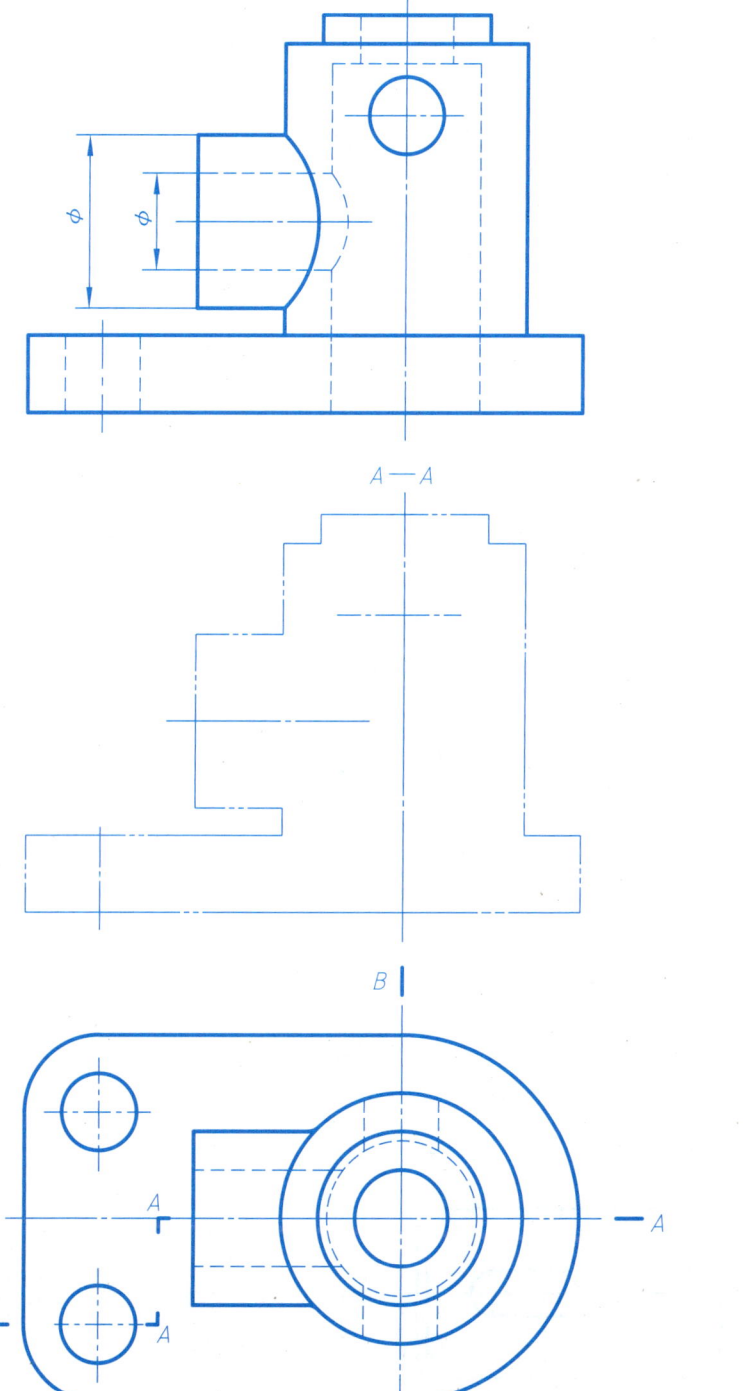

第 6 章 机件常用的表达方法

班级_____ 姓名_____ 学号_____

6.6 机件常用的表达方法单元测验

4) 在指定位置处作半剖的主视图及全剖的左视图。

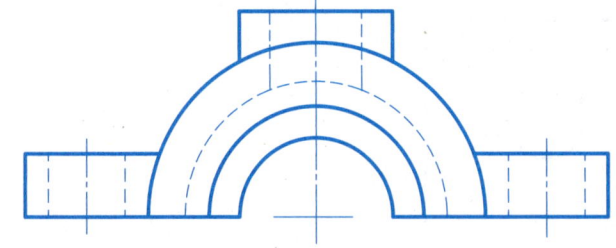

$A-A$

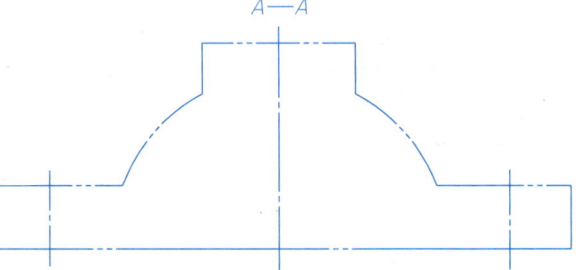

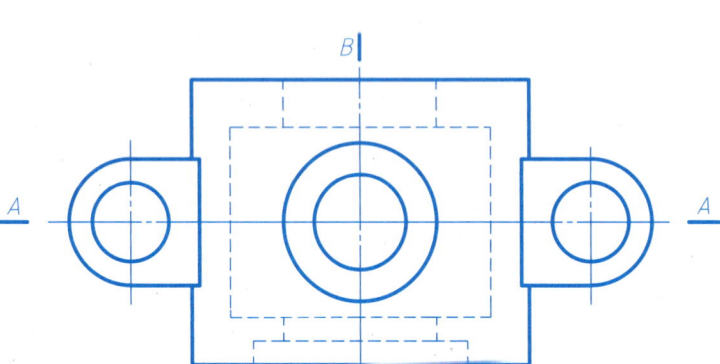

5) 在指定位置画出轴的移出断面图。

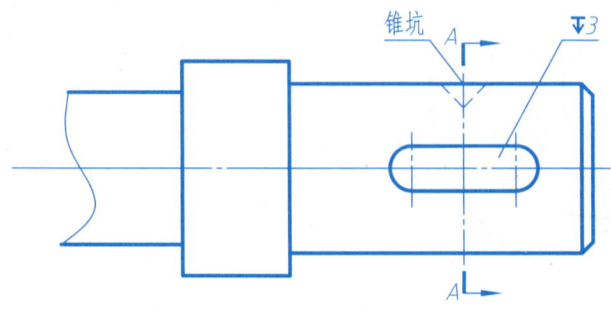 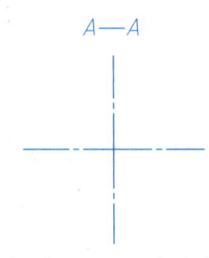

$A-A$

6) 在指定位置处将主视图改画成全剖视图,左视图改画成半剖视图。

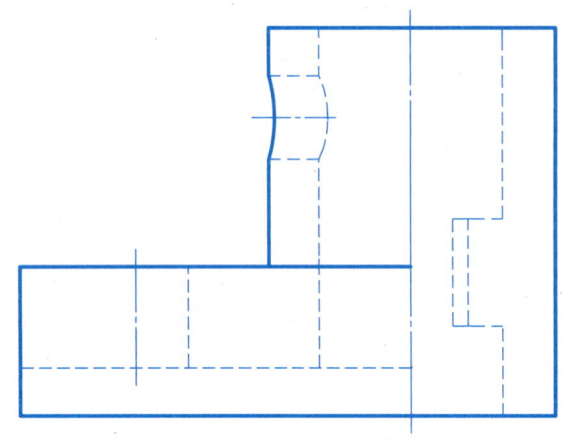

$B-B$

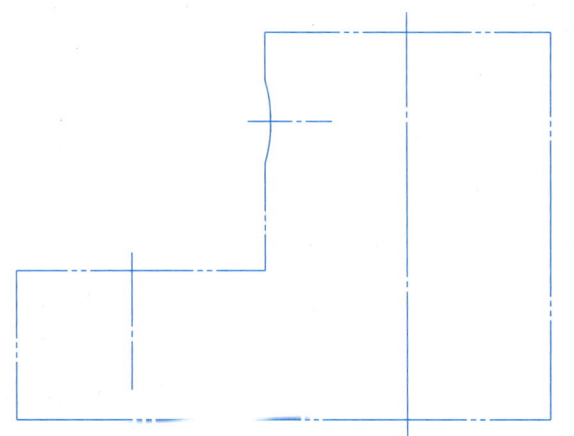

$A-A$

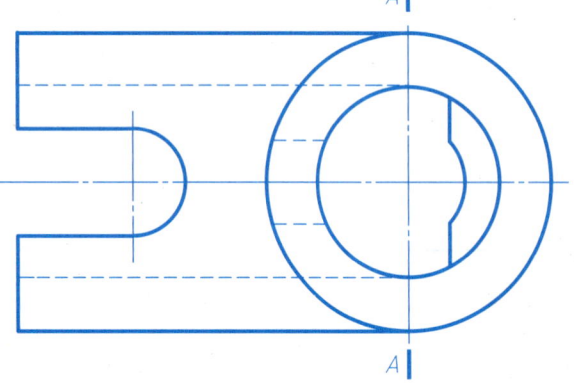

立体模型
6.6.6

第 7 章 标准件和常用件

7.1 螺纹

1) 已知外螺纹的大径为 M20，螺纹长 40，螺纹倒角 C2。按规定画法绘制螺纹的主、左两视图。

2) 已知内螺纹的大径为 M20，螺纹长 30，钻孔深 40，螺纹倒角 C2。按规定画法绘制螺纹全剖的主视图、基本视图的左视图。

3) 将上述内、外螺纹旋合，旋入长度为 20，画出螺纹连接的主视图。

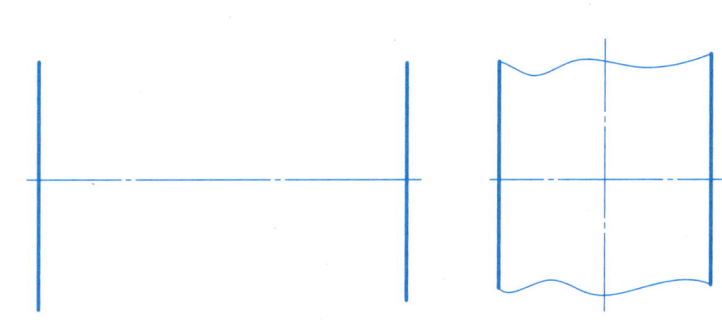

4) 判断下列螺纹画法的正误，正确的打"√"，错误的打"×"。

5) 判断螺纹连接画法的正误，正确的打"√"，错误的打"×"。

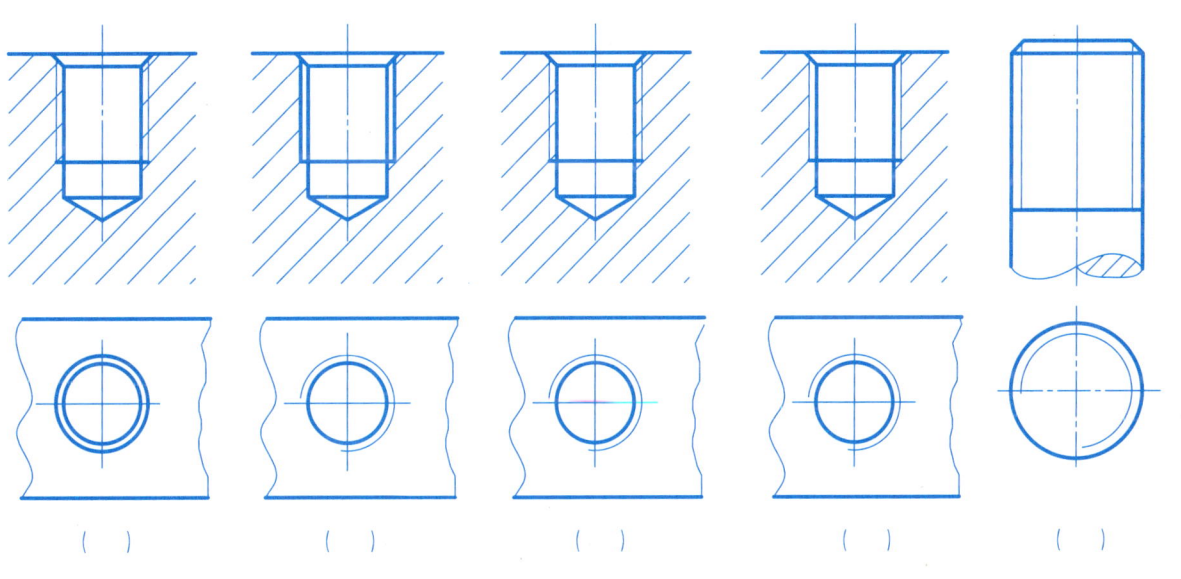

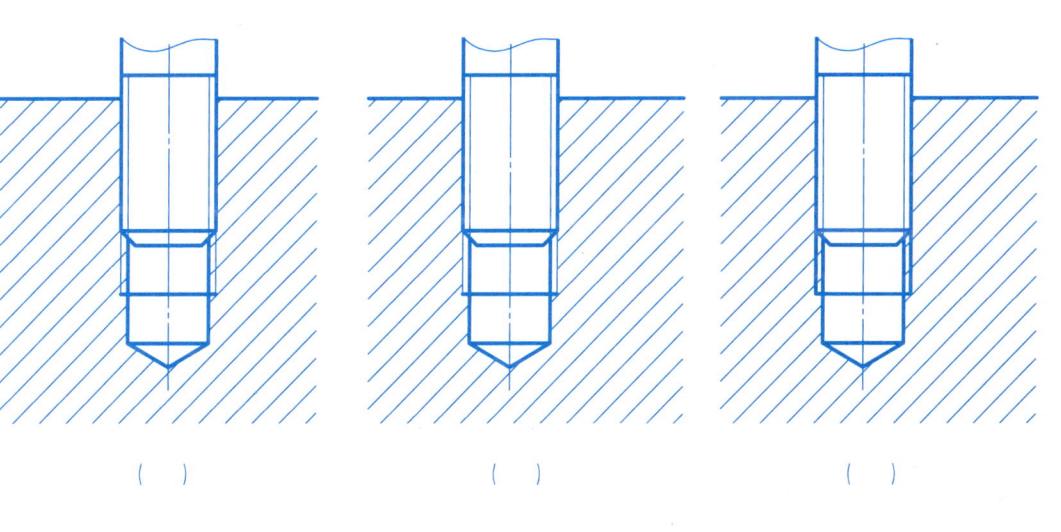

6) 根据给定的螺纹要素，标注螺纹尺寸。

① 细牙普通螺纹：顶径 20mm，螺距 1.5mm，公差带代号 5g6g，单线右旋。

② 粗牙普通螺纹：顶径 20mm，公差带代号 7H，单线右旋。

③ 55°非密封圆柱外管螺纹：尺寸代号为 1/2，公差等级为 A 级，特征代号 G。

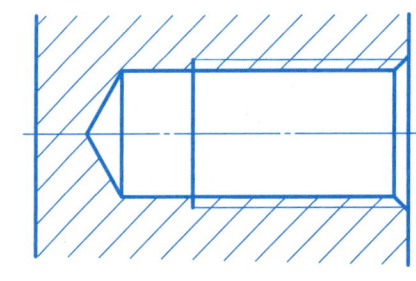

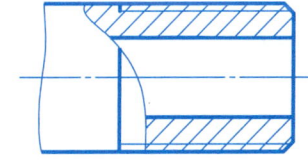

第 7 章 标准件和常用件

7.2 常用螺纹紧固件

1) 补画螺栓连接图中的漏线。

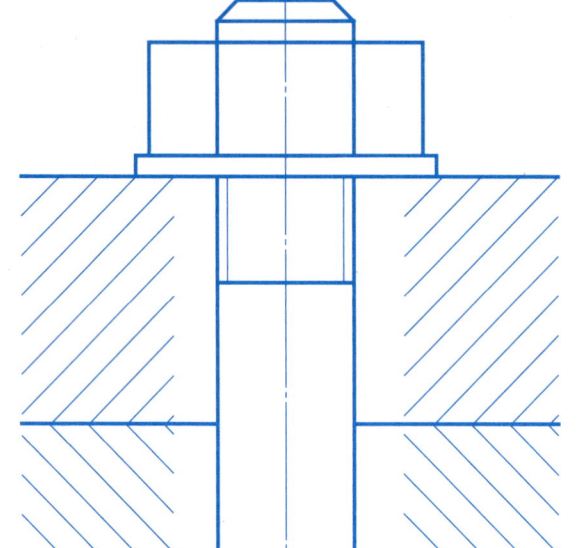

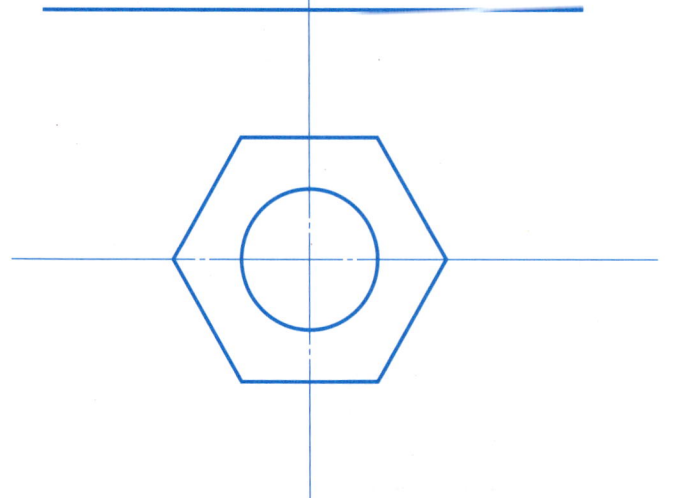

2) 补画螺柱连接图中的漏线。

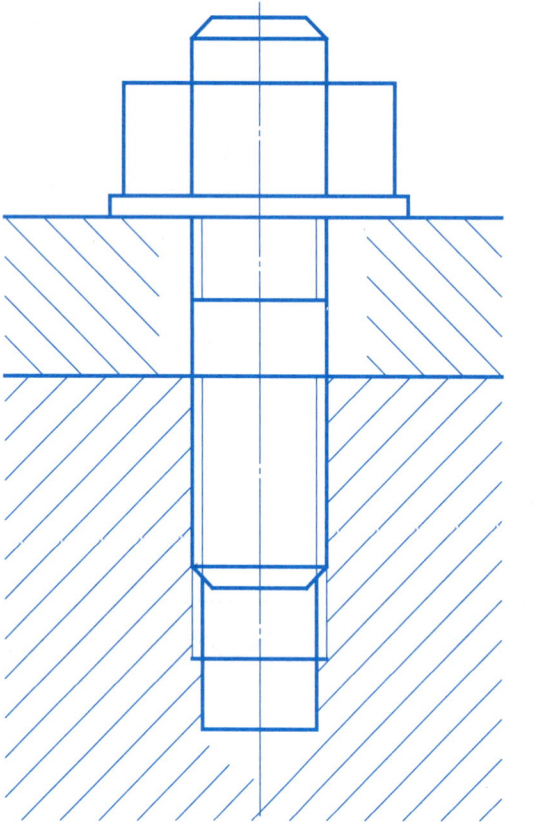

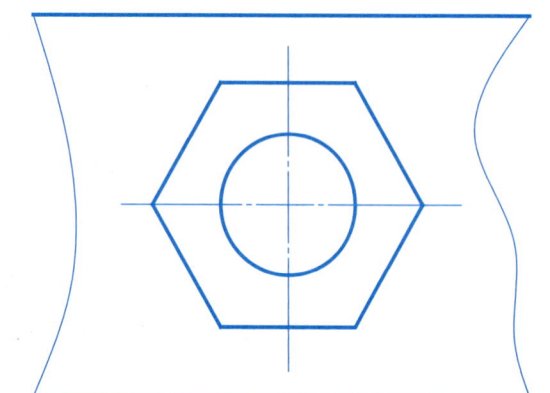

3) 补画螺钉连接图中的漏线。

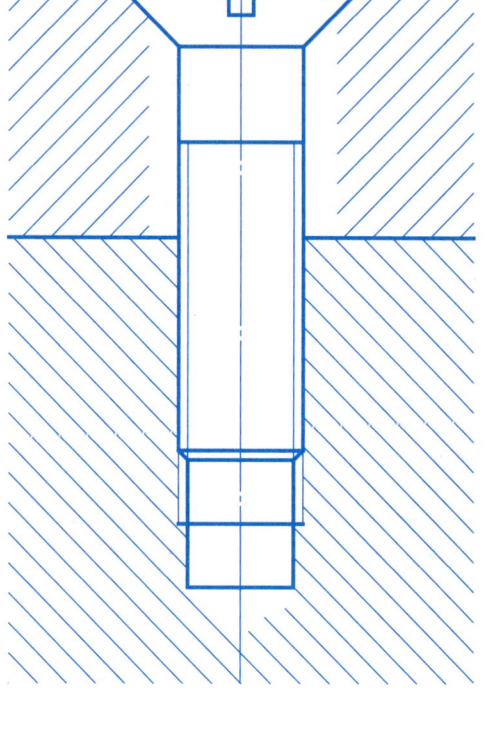

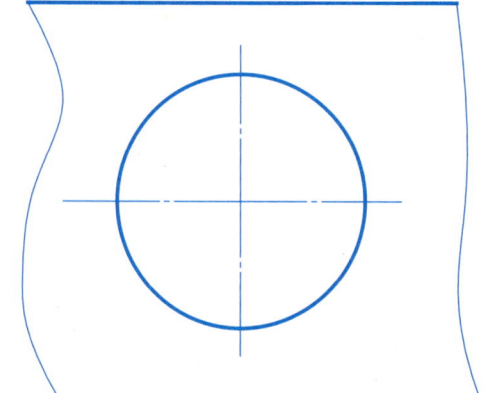

第 7 章 标准件和常用件

7.3 齿轮

1) 已知标准直齿圆柱齿轮 d_a = 120mm，b = 20mm，z = 28mm，轴孔直径 D（数值可直接测量），试计算出有关参数，用 1：1 的比例完成其视图，并注全尺寸。

m	
z	
齿形角	

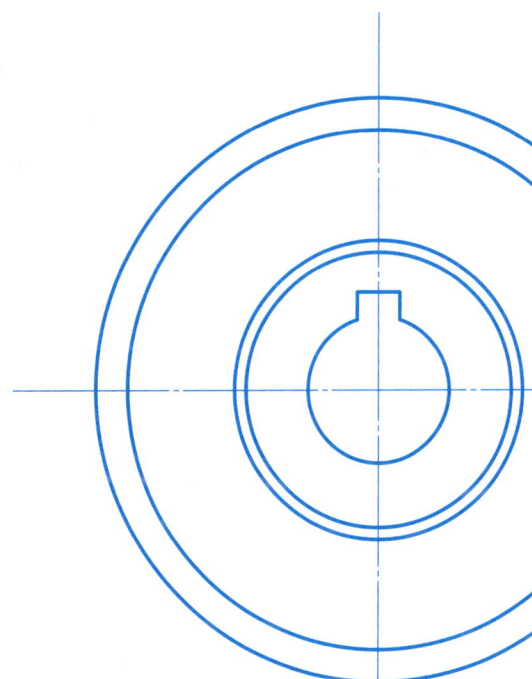

2) 已知一对平板直齿圆柱齿轮啮合，完成全剖的主视图。

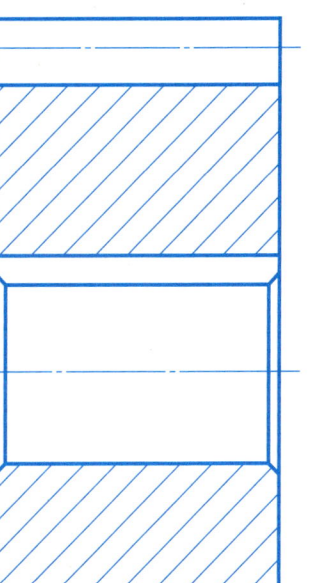

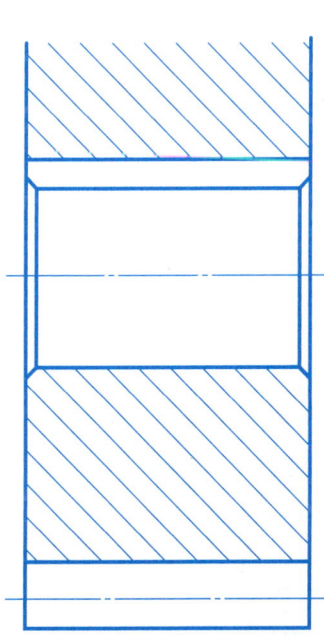

第7章 标准件和常用件

7.4 键、销、轴承和弹簧

1) 已知齿轮和轴，用 A 型普通平键连接。轴及齿轮轴孔直径均为 20mm，平键的长度为 20mm，宽度为 6mm，完成下列各题（按 1∶1 比例绘制）。

① 查表确定键的尺寸，写出平键的规定标记。
　　规定标记：_____

② 在指定位置绘制轴的移出断面图。并标注键槽的尺寸。　　③ 补全齿轮的视图，并标注轮毂尺寸。

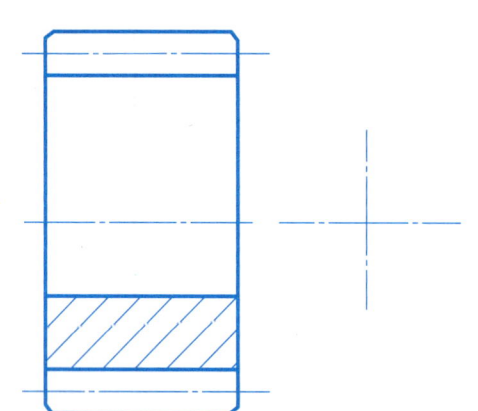

④ 补全键连接后的全剖主视图及 A—A 剖视图。

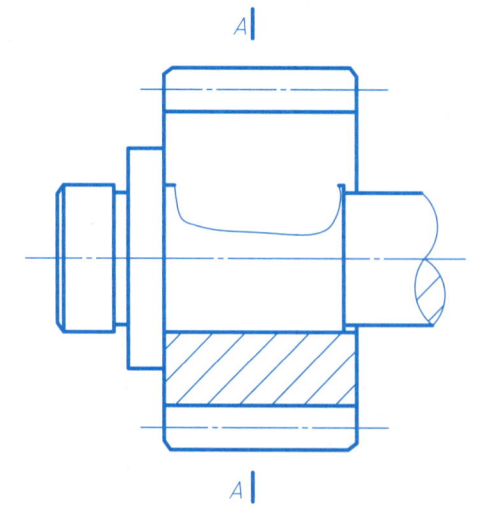
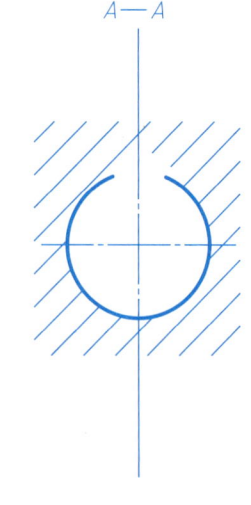

2) 完成圆柱销连接（销 GB/T 119.1—2000 8m6×40）。

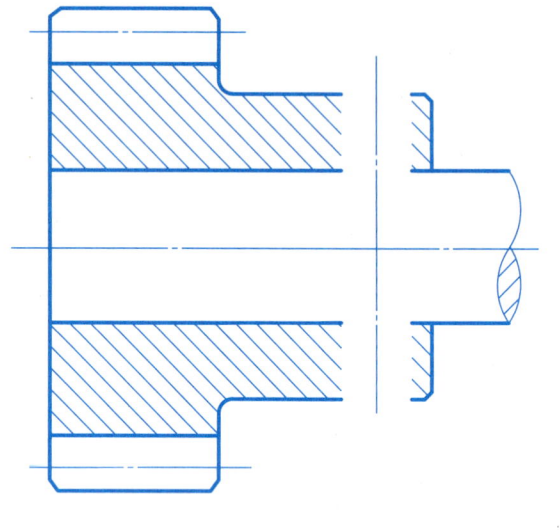

3) 将下面轴颈上的滚动轴承按规定画法在轴线上方画出（滚动轴承 6204 GB/T 276—2013）。

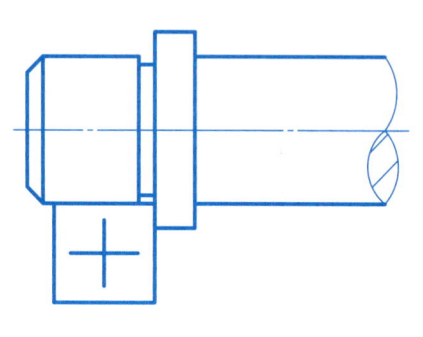

4) 已知圆柱螺旋压缩弹簧 YA 6×38×80 GB/T 2089—2009，节距为 12mm，自由高度 h = 80mm，支承圈数为 2.5，用 1∶1 的比例画出弹簧全剖视图。

第7章 标准件和常用件

7.5 标准件和常用件单元测验

1) 根据给定螺纹要素,标注螺纹尺寸。

细牙普通螺纹:顶径16mm,螺距1.5mm,公差带代号5g6g,单线右旋。

3) 找出内、外螺纹连接画法的错误,并画出正确的视图。

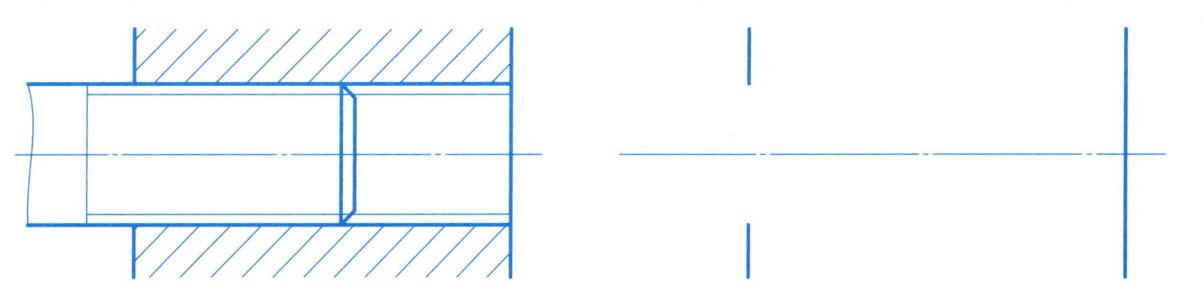

2) 补画螺栓连接图中的漏线,并回答问题。

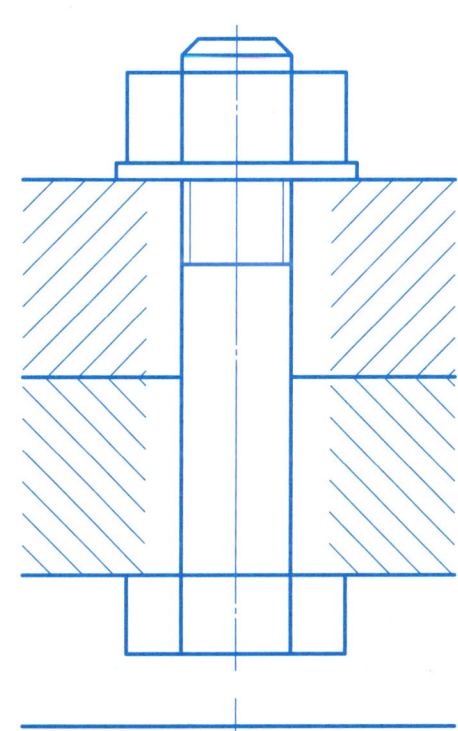

找出正确的螺栓规定标记(在正确答案后面的括号中画"√"):
A. GB/T 5780—2016 M16×50 (　　)
B. 螺栓 GB/T 5780—2016 M16 (　　)
C. GB/T 5780—2016 16 (　　)
D. 螺栓 GB/T 5780—2016 M16×50 (　　)

4) 补画螺柱连接图中的漏线,并回答问题。

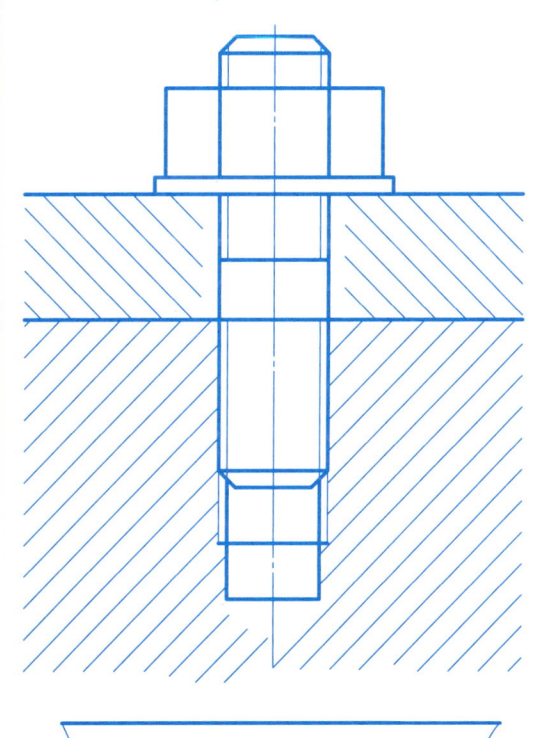

找出正确的双头螺柱规定标记(在正确答案后面的括号中画"√"):
A. GB/T 5780—2016 M16×50 (　　)
B. 螺栓 GB/T 5780—2016 M16 (　　)
C. GB/T 5780—2016 16 (　　)
D. 螺栓 GB/T 5780—2016 M16×50 (　　)

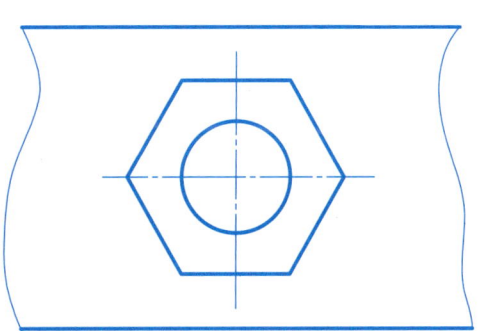

第7章 标准件和常用件

7.5 标准件和常用件单元测验

5) 将下列螺纹连接的全剖主视图和断面图补画完整，注意：是通孔。

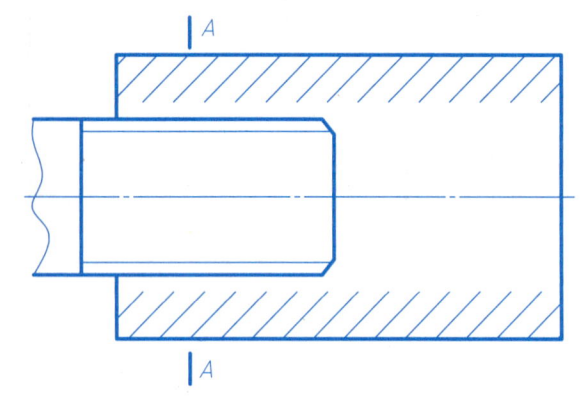
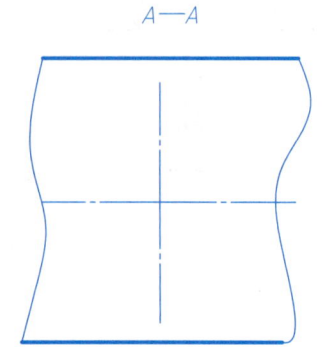

7) 完成下列螺纹的标注。

① 根据给定螺纹要素，标注螺纹尺寸。55°密封圆锥内管螺纹：尺寸代号为Rc1/2，右旋。

② 55°非密封圆柱管螺纹：尺寸代号为G1/2，公差等级为A级，右旋。

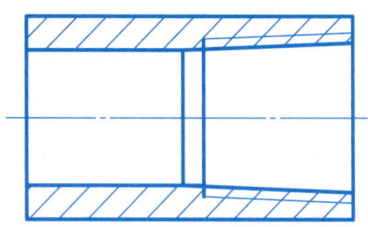
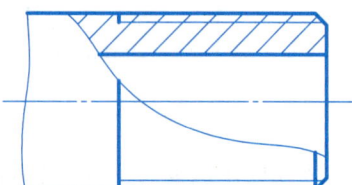

6) 完成螺钉连接，并回答问题。

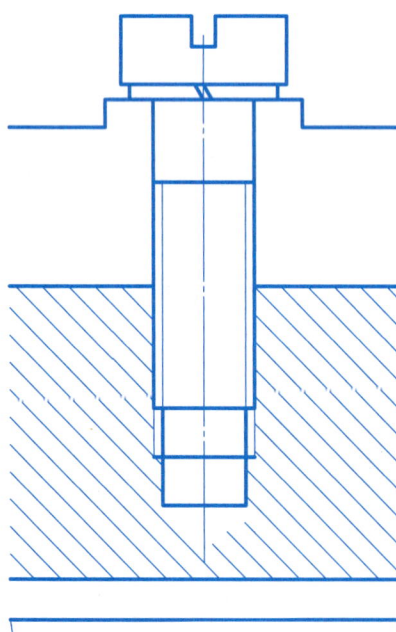

找出正确的螺钉规定标记（在正确答案后面的括号中画"√"）：

A. GB/T 67—2016　M6×20　（　）
B. 螺钉 GB/T 67　M6　（　）
C. GB/T 67　M6　（　）
D. 螺钉 GB/T 67　M6×20　（　）

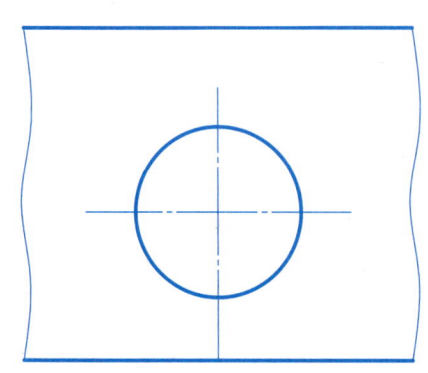

8) 找出内、外螺纹连接画法的错误，并画出正确的视图。

9) 判断下列螺纹画法的正误，正确的打"√"，错误的打"×"。

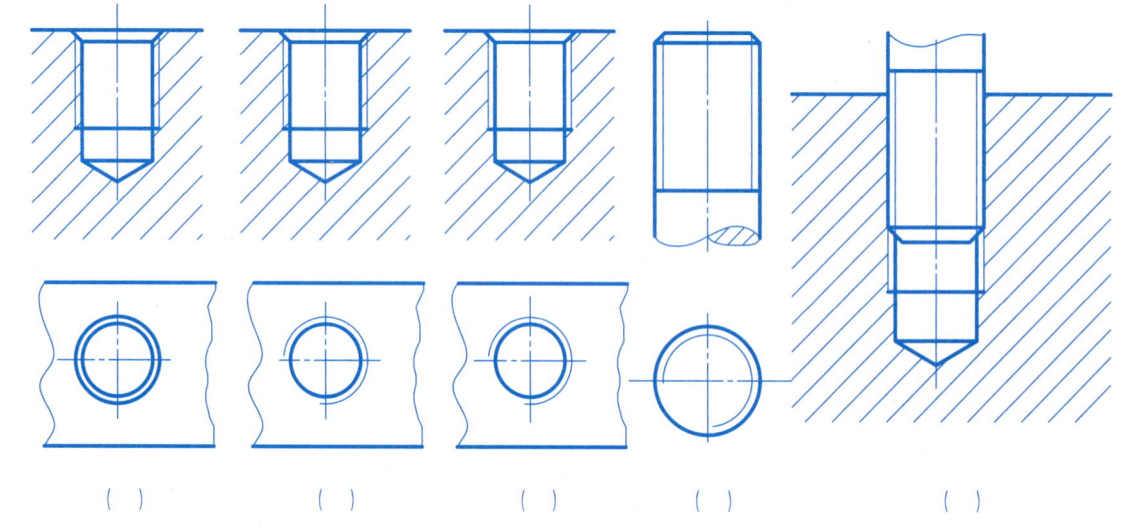

(　)　　(　)　　(　)　　(　)　　(　)

50

第 8 章　零件图

班级_____　姓名_____　学号_____

8.1　主题任务

1) 根据轴测图绘制轴的零件图。

① 选择合适的表达方案绘制零件图。

② 图中螺纹退刀槽、砂轮越程槽、倒角尺寸可查看配套教材附录或相关标准。

③ 标注尺寸。

④ 填写标题栏。

2) 根据轴测图绘制端盖的零件图。

① 选择合适的表达方案绘制零件图。

② 标注尺寸。

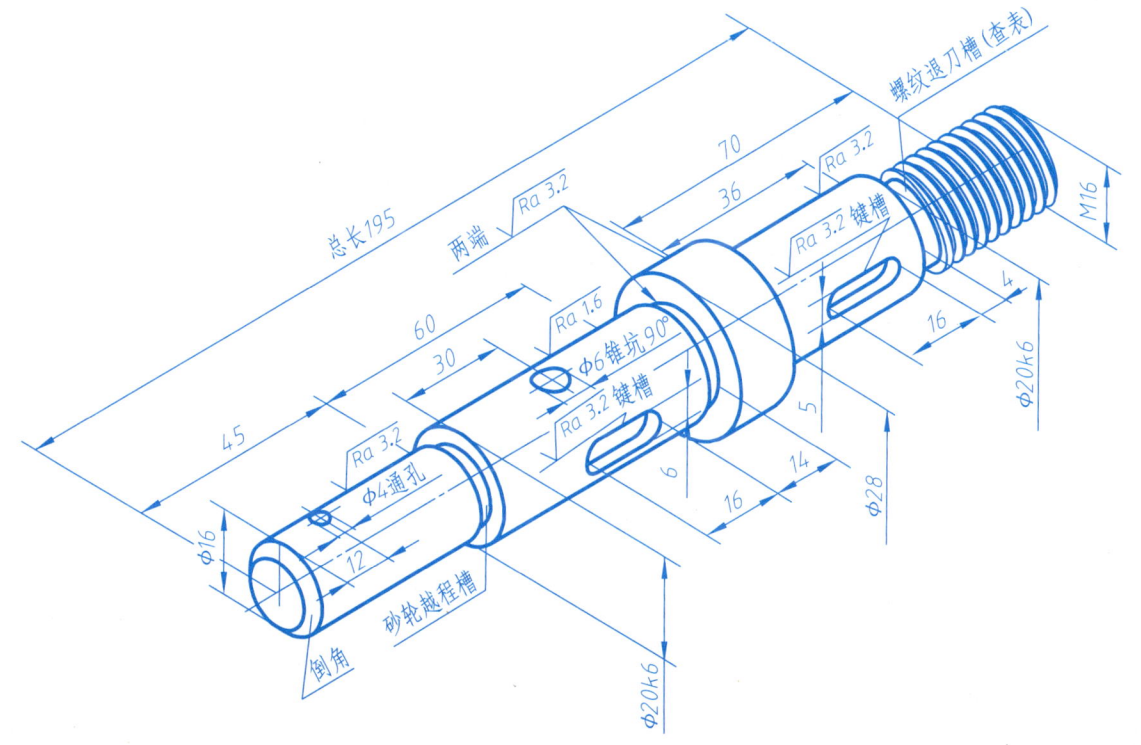

√Ra 6.3 (√)

名称：轴
材料：45钢

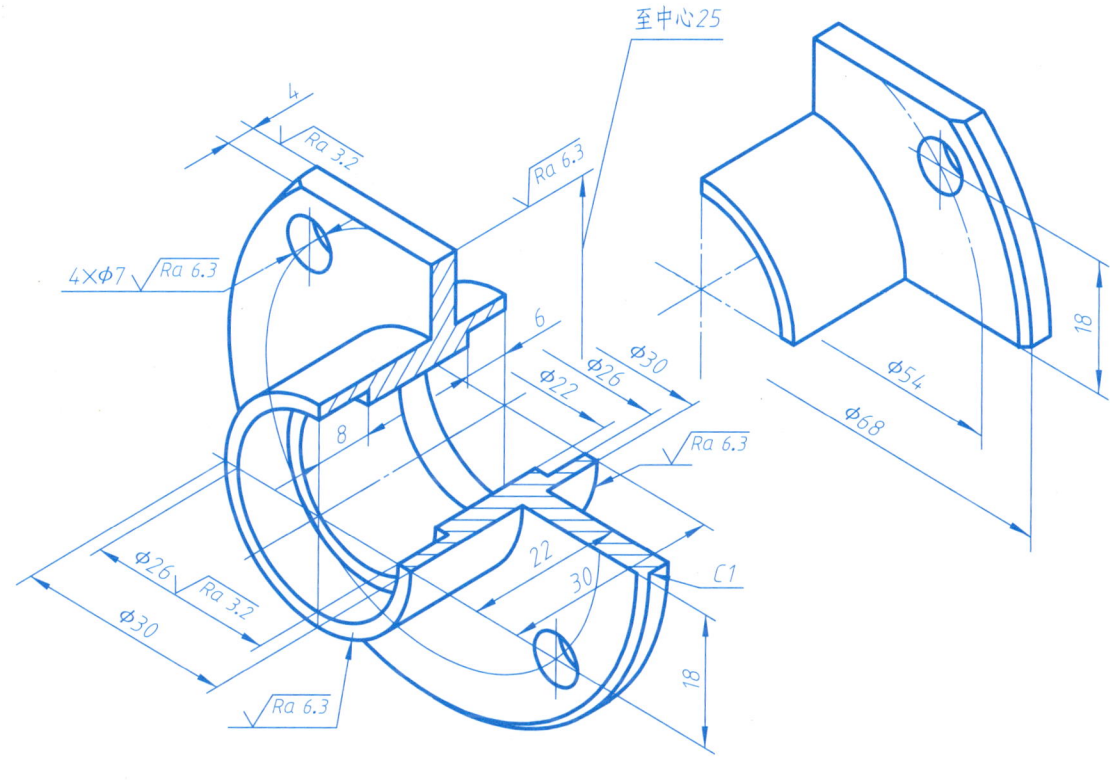

√Ra 25 (√)

名称：端盖
材料：35钢

第 8 章 零件图

班级_____ 姓名_____ 学号_____

8.1 主题任务

3) 根据轴测图绘制支架的零件图。
① 选择合适的表达方案绘制零件图。
② 标注尺寸。
③ 标注相关的技术要求。
④ 填写标题栏。

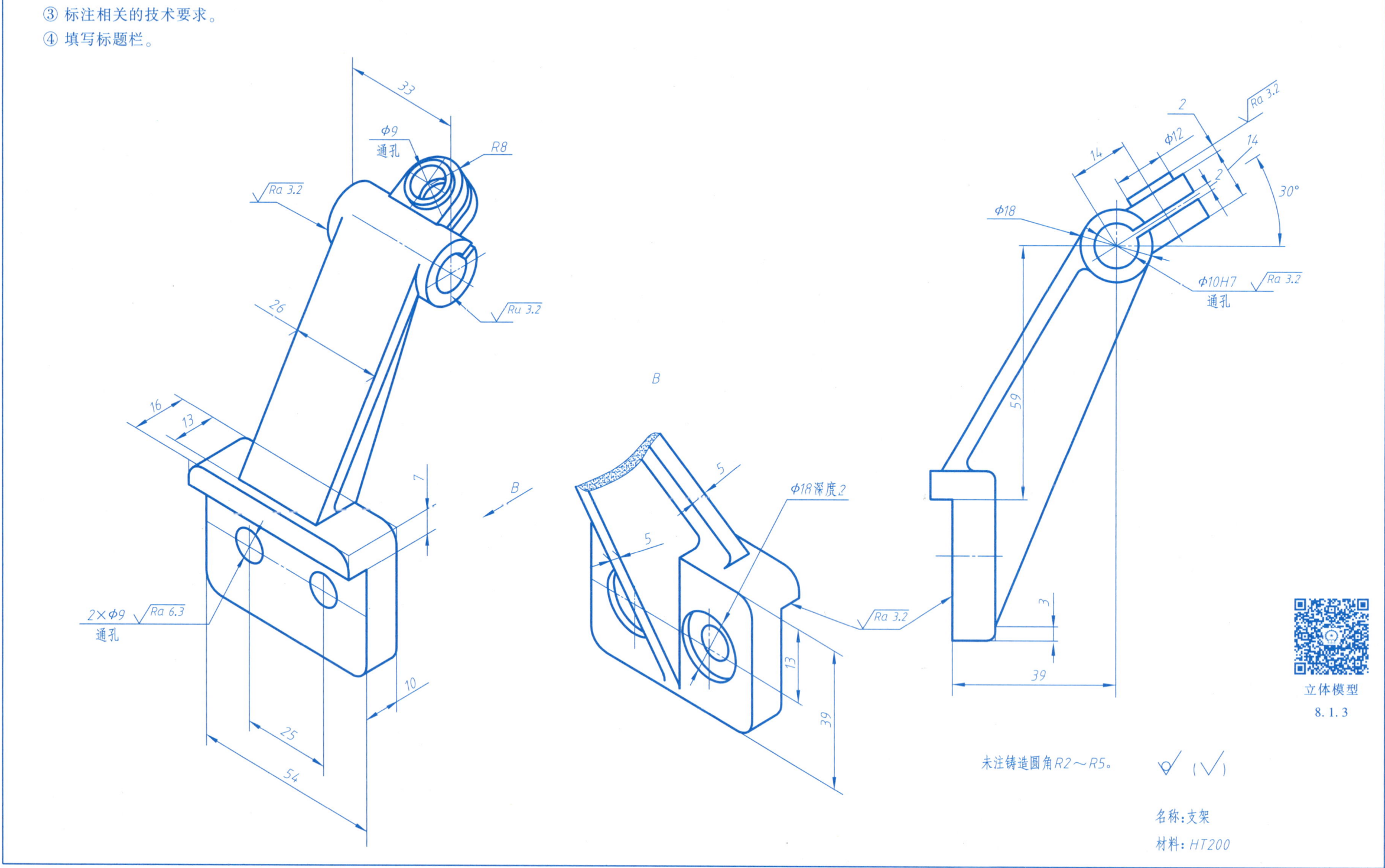

立体模型
8.1.3

未注铸造圆角R2~R5。

名称：支架
材料：HT200

第 8 章 零件图

班级_____ 姓名_____ 学号_____

8.2 零件图的尺寸标注

1) 标注图形中尺寸（尺寸从图中量取，取整数）。
① 标注尺寸。
② 画出图中的局部放大图和 A—A 移出断面图，退刀槽、砂轮越程槽尺寸可查看配套教材附录或相关标准。
③ 在图中指明长度、宽度、高度尺寸基准。

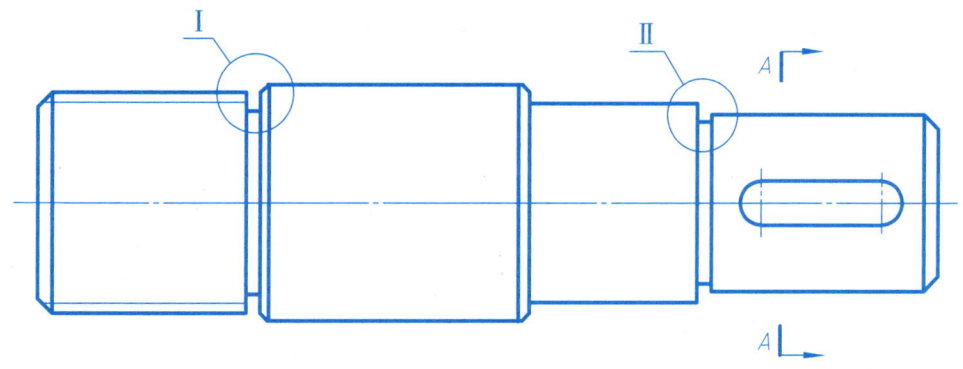

2) 标注图形中尺寸（尺寸从图中量取，取整数）。
① 标注尺寸。
② 在图中指明长度、宽度、高度尺寸基准。

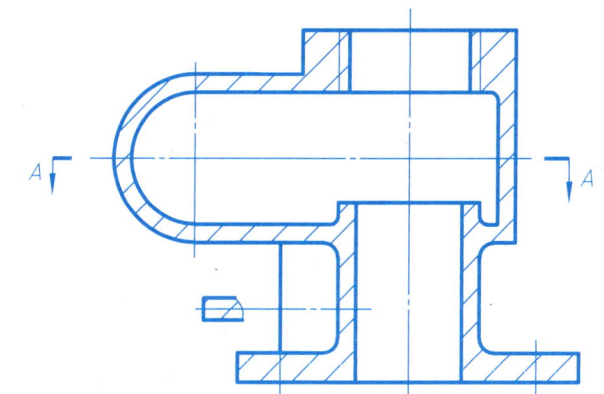

A—A

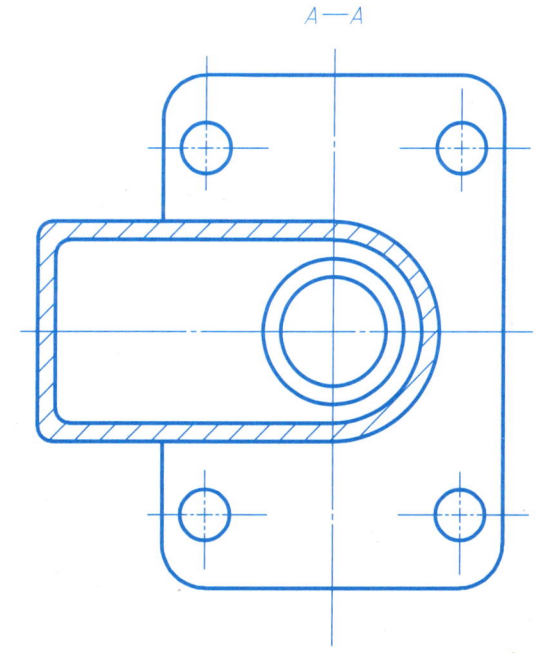

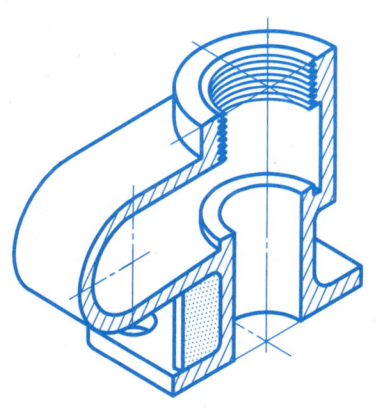

第 8 章 零件图

8.3 零件图的技术要求

1) 已知零件图中有多处表面粗糙度标注的错误，要求在下方按现行标准正确标注（给定参数均为 Ra 值），图中未标注的表面粗糙度均为 Ra 50μm。

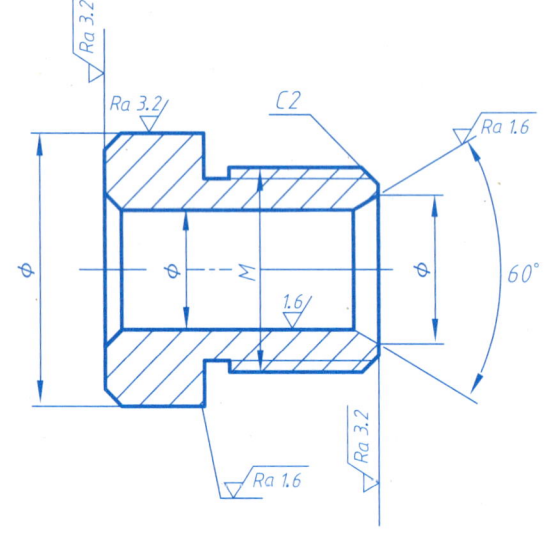

2) 在下方按要求将表中的表面粗糙度用代号标注在图上（见右侧示意图）。

表面代号	表面粗糙度符号	位置说明
A	$Ra\ 3.2$	
B	$Ra\ 6.3$	
C	$Ra\ 1.6$	φ15 孔表面
D	$Ra\ 12.5$	φ5.5 孔表面
E	$Ra\ 6.3$	φ25 圆柱表面
其余	$Ra\ 25$	

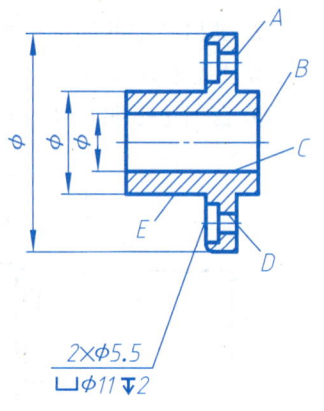

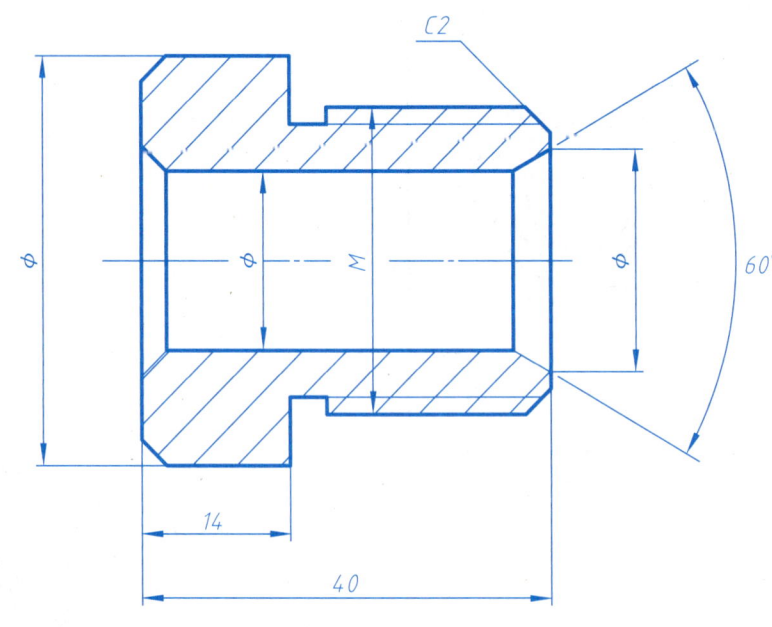

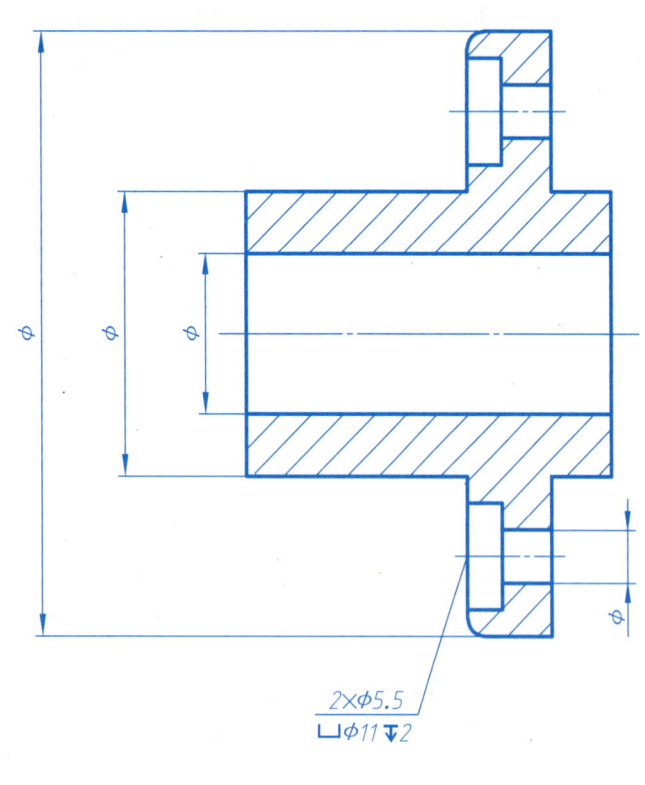

第 8 章 零件图

8.3 零件图的技术要求

3）根据装配图上的尺寸，在下面零件图上查表标注相应的尺寸，并回答下列问题。

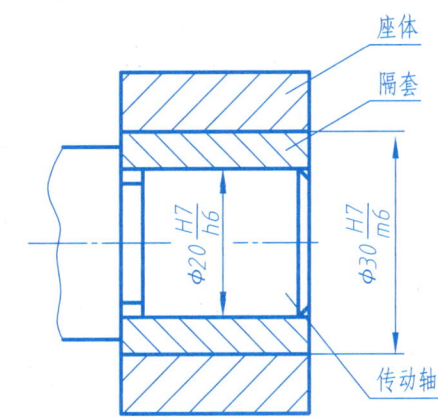

① 图中 $\phi 30\dfrac{H7}{m6}$ 表示座体上_____孔（填尺寸）与外径为 φ30 隔套相配合，φ30 这个尺寸被称为_____，$\phi 30\dfrac{H7}{m6}$ 孔与轴的配合代号是_____。

② 尺寸 φ30H7 中，H7 是孔的_____代号，H 是孔的_____代号，7 是孔的_____代号。

③ 根据 φ30H7 可以得到孔的下列尺寸：

上极限偏差是_____，下极限偏差是_____，公差为_____。

④ 根据以上数据可知，座体上的孔与隔套是（间隙/过渡/过盈）_____。此时配合最大间隙量为_____。传动轴与隔套的配合尺寸为_____，此配合为（间隙/过渡/过盈）_____配合。为什么选择这样的配合，在下方简要说出理由。

_____。

⑤ 填写下图中的尺寸。

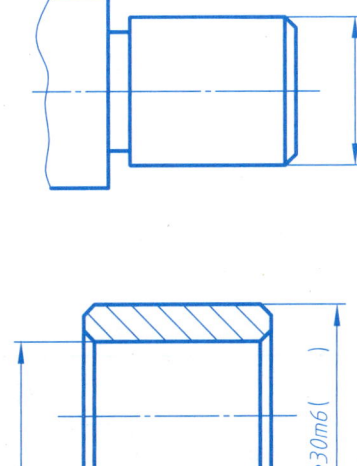
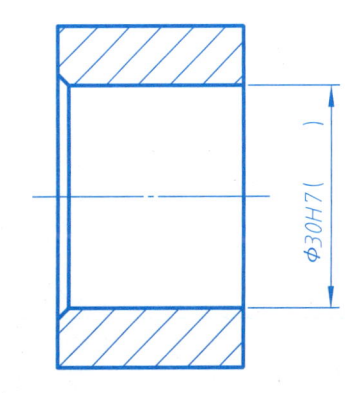

4）读懂下图的几何公差，用文字表达框格内容的含义。

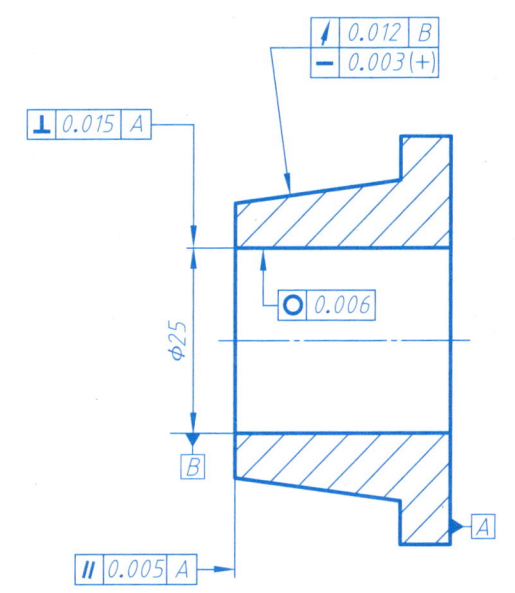

⊥ 0.015 A _____

∥ 0.005 A _____

⌒ 0.012 B _____

− 0.003(+) _____

◎ 0.006 _____

第 8 章 零件图

8.4 读零件图

1) 读零件图回答问题。

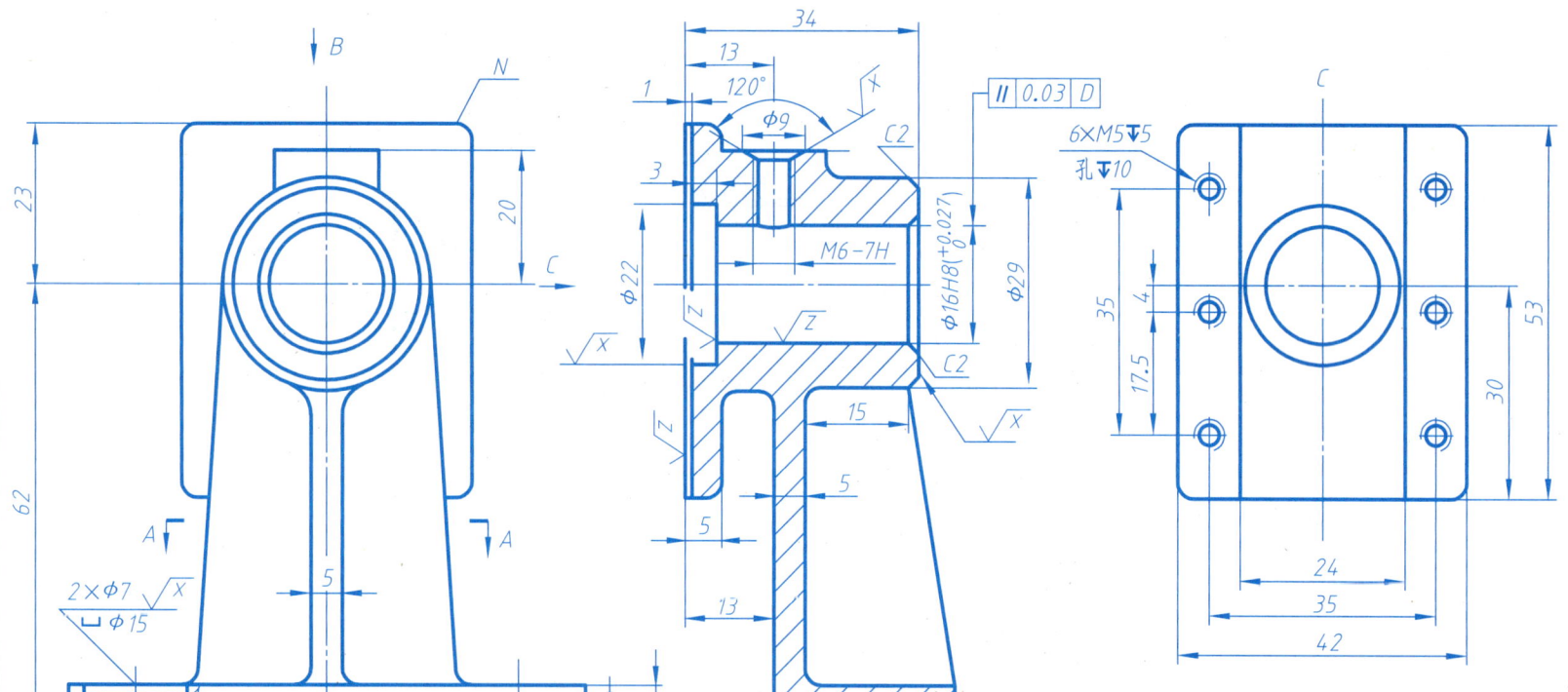

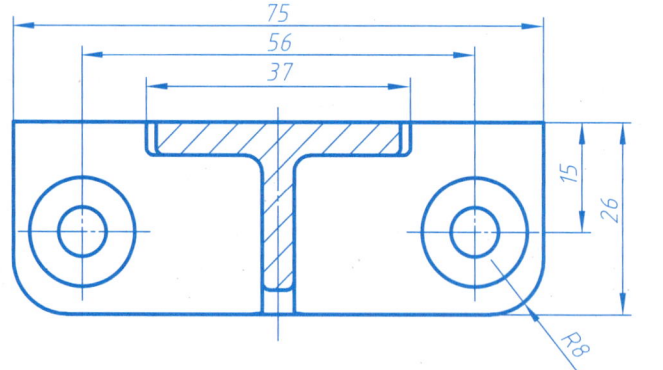

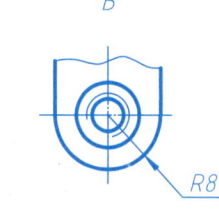

技术要求
1. 未注铸造圆角为 R1~R5。
2. 铸件不得有气孔、裂纹等缺陷。

$\sqrt{X} = \sqrt{Ra\ 1.6}$
$\sqrt{Y} = \sqrt{Ra\ 3.2}$
$\sqrt{Z} = \sqrt{Ra\ 6.3}$ $\sqrt{}(\sqrt{})$

回答以下问题：

① 图中俯视图采用了（全剖/局部剖/半剖）_____的图样画法，左视图采用了（全剖/局部剖/半剖）_____的图样画法。

② 解释 M6-7H 含义：（粗牙/细牙）_____普通（内/外）_____螺纹，公称直径为_____，为（左/右旋）_____螺纹，中径、顶径公差带代号为_____，其中螺纹的旋合长度（长/中/短）_____。

③ 底板上的 2×φ7 的定位尺寸为_____、_____。

④ 图中尺寸 φ16H8 ($^{+0.027}_{0}$)，公称尺寸是_____，上极限偏差是_____，下极限偏差是_____，当该孔的尺寸是 φ16.021 时，该零件（合格/不合格）_____。

⑤ 图中底面 M 的表面粗糙度为_____，图中零件表面精度要求最高的表面粗糙度为_____。

设计		（日期）	HT200		（校名）
校核		（日期）			
审核		（日期）	比例	1:1	数量	1	支架
班级		学号	共1页	第1页	（图号）

立体模型
8.4.1

第8章 零件图

8.4 读零件图

2) 读零件图回答问题。

回答以下问题：

① 该零件的名称是_____，零件材料为_____，该零件的主视图采用（全剖/半剖/局部剖视）_____表达方案，左视图主要作用是_____。

② 左视图共有_____个安装孔，其定位尺寸是_____。

③ 解释 3×0.5 的含义_____。

④ 零件左端面的表面粗糙度为_____，φ30 孔的表面粗糙度为_____。

⑤ 尺寸 $\phi 24^{+0.021}_{0}$ 的上极限尺寸是_____，下极限尺寸是_____，公差_____。

⑥ 解释 ◎ φ0.030 A 的含义：

_____

_____

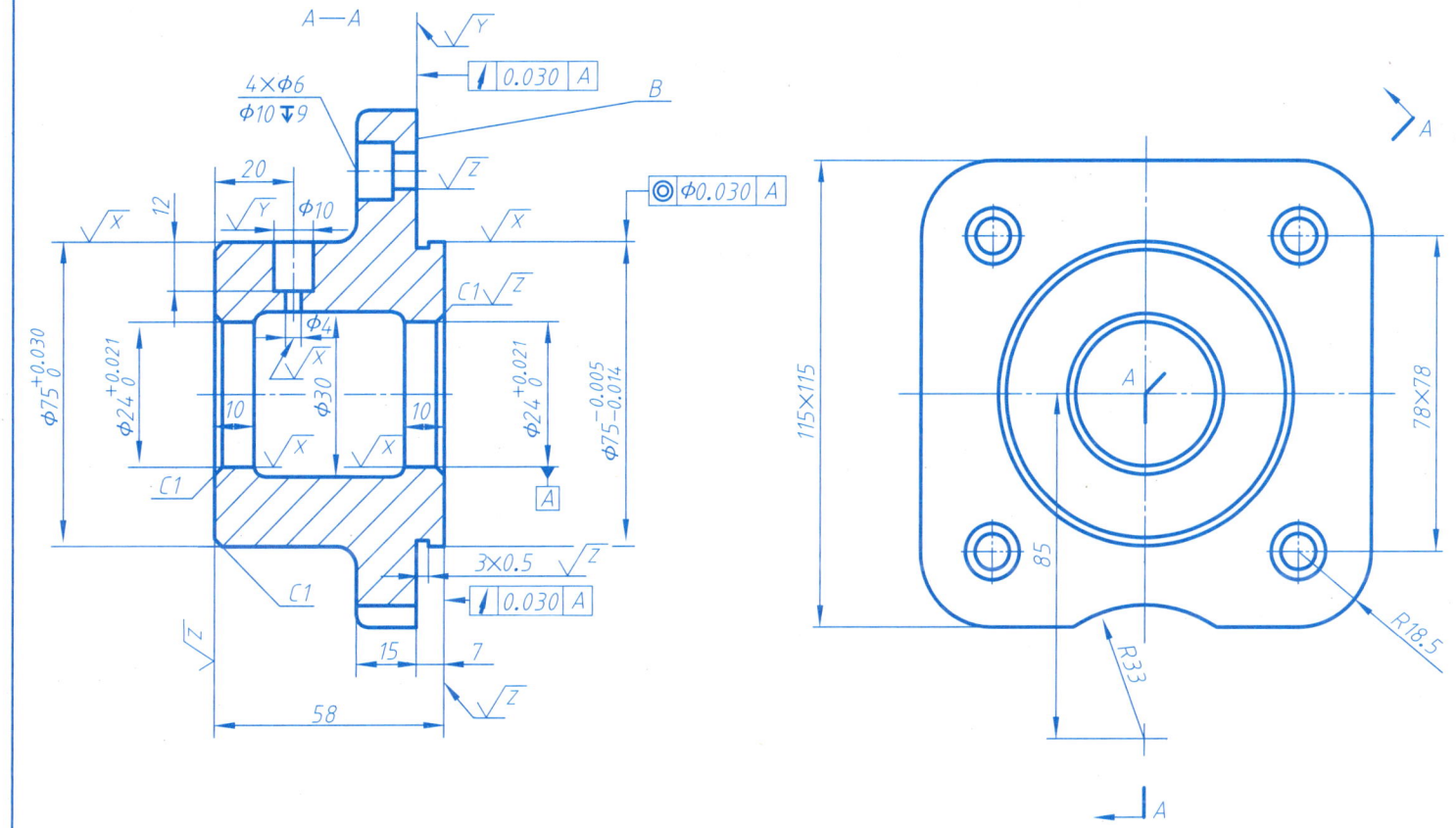

技术要求
1. 未注铸造圆角为R1~R5。
2. 铸件不得有气孔、裂纹等缺陷。

第 8 章 零件图

8.4 读零件图

3) 读零件图回答问题。

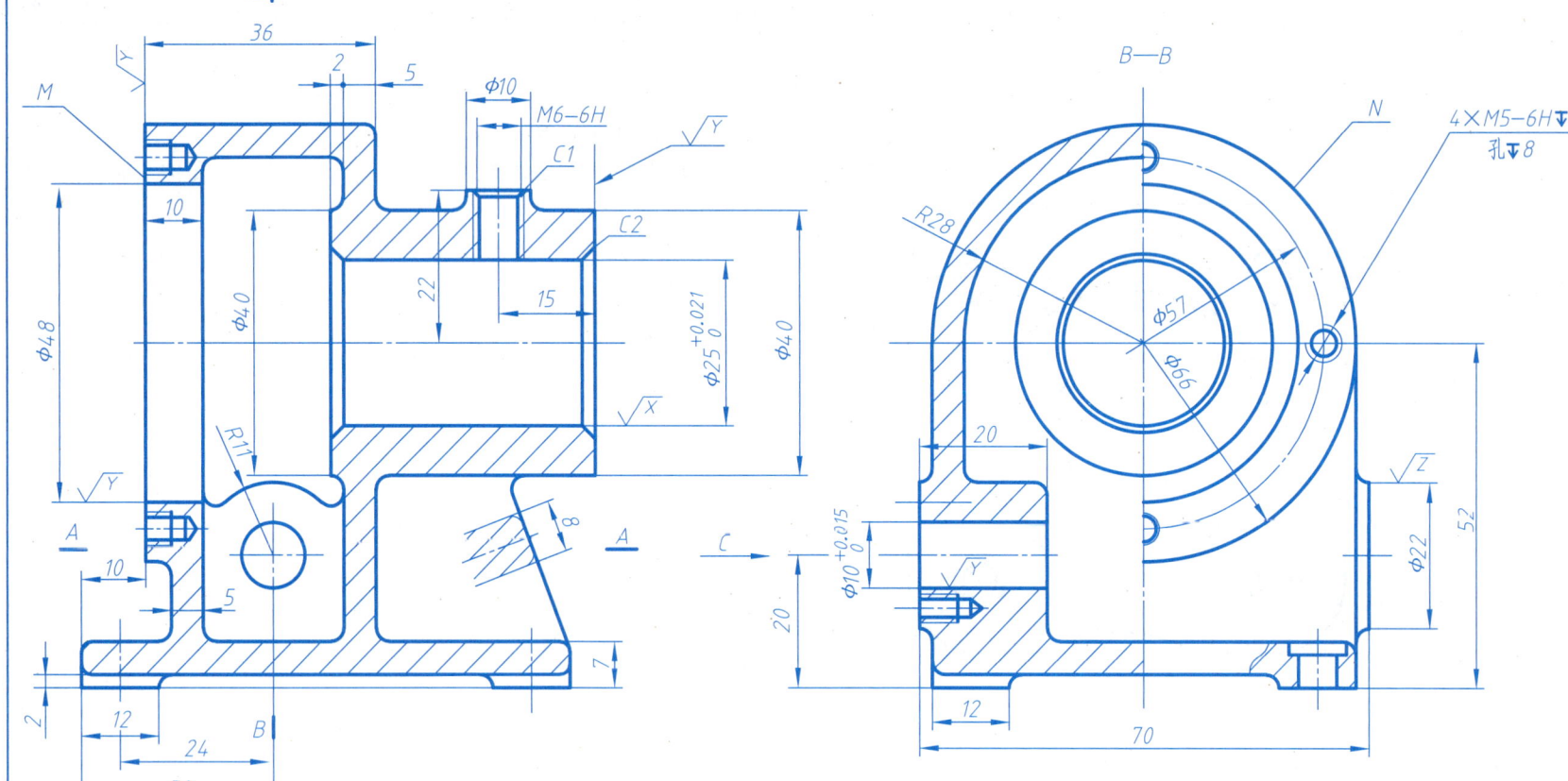

回答以下问题：

① 该零件的材料是_____，主视图采用（全剖/半剖/局部剖视）_____表达。

② C 向视图是用来表达_____，它是_____视图，螺孔的定位尺寸是_____。

③ 俯视图采用（全剖/半剖/局部剖）_____视图。

④ 图中左端面 M 的表面粗糙度为_____。

⑤ 尺寸 $\phi 10^{+0.015}_{\ \ 0}$ 的上极限偏差是_____，下极限偏差是_____。当该孔尺寸是 $\phi 10.15$ 时，该零件是否合格？_____。

⑥ 简述铸件出现裂纹的原因。
_____。

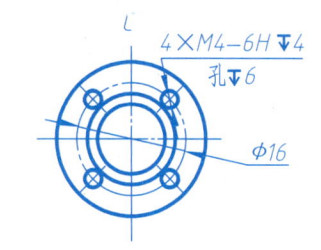

技术要求
1. 未注铸造圆角为 R5~R8。
2. 铸件不得有气孔、裂纹等缺陷。

立体模型
8.4.3

第 8 章 零件图

8.5 零件测绘

1) 根据轴测图绘制零件图。
① 选择合适的表达方案绘制零件图。
② 标注尺寸。
③ 标注相关的技术要求。
④ 填写标题栏。

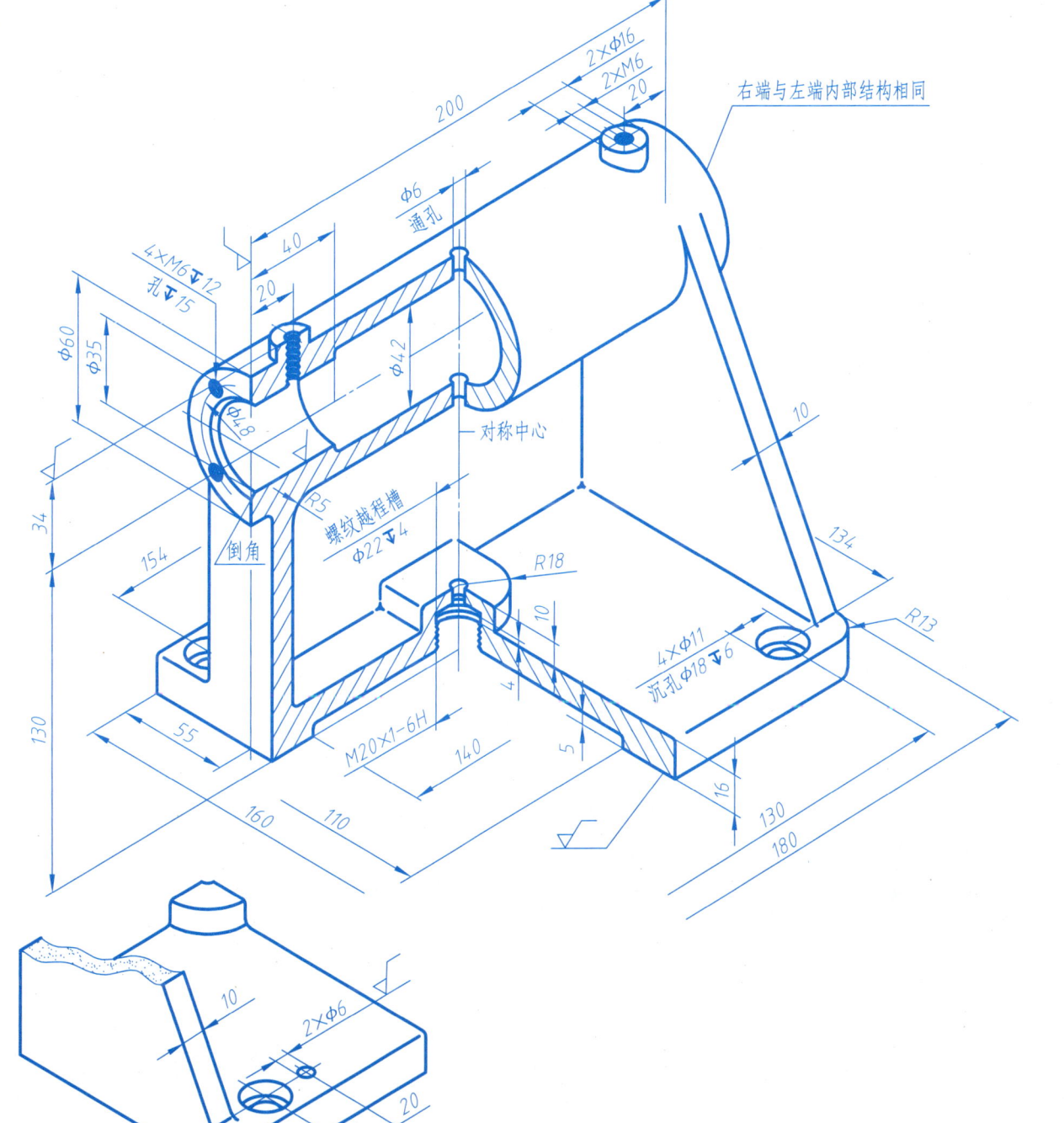

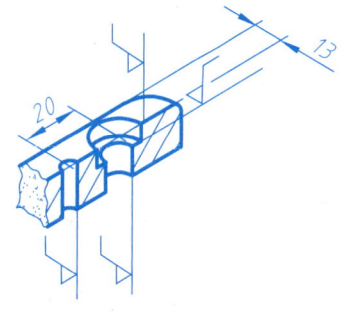

底板右后角结构形状

立体模型
8.5.1

未注铸造圆角 R2～R5。

名称：支座
材料：HT200

第 8 章 零件图

8.5 零件测绘

2）根据轴测图绘制零件图。
① 选择合适的表达方案绘制零件图。
② 标注尺寸。
③ 标注相关的技术要求。
④ 填写标题栏。

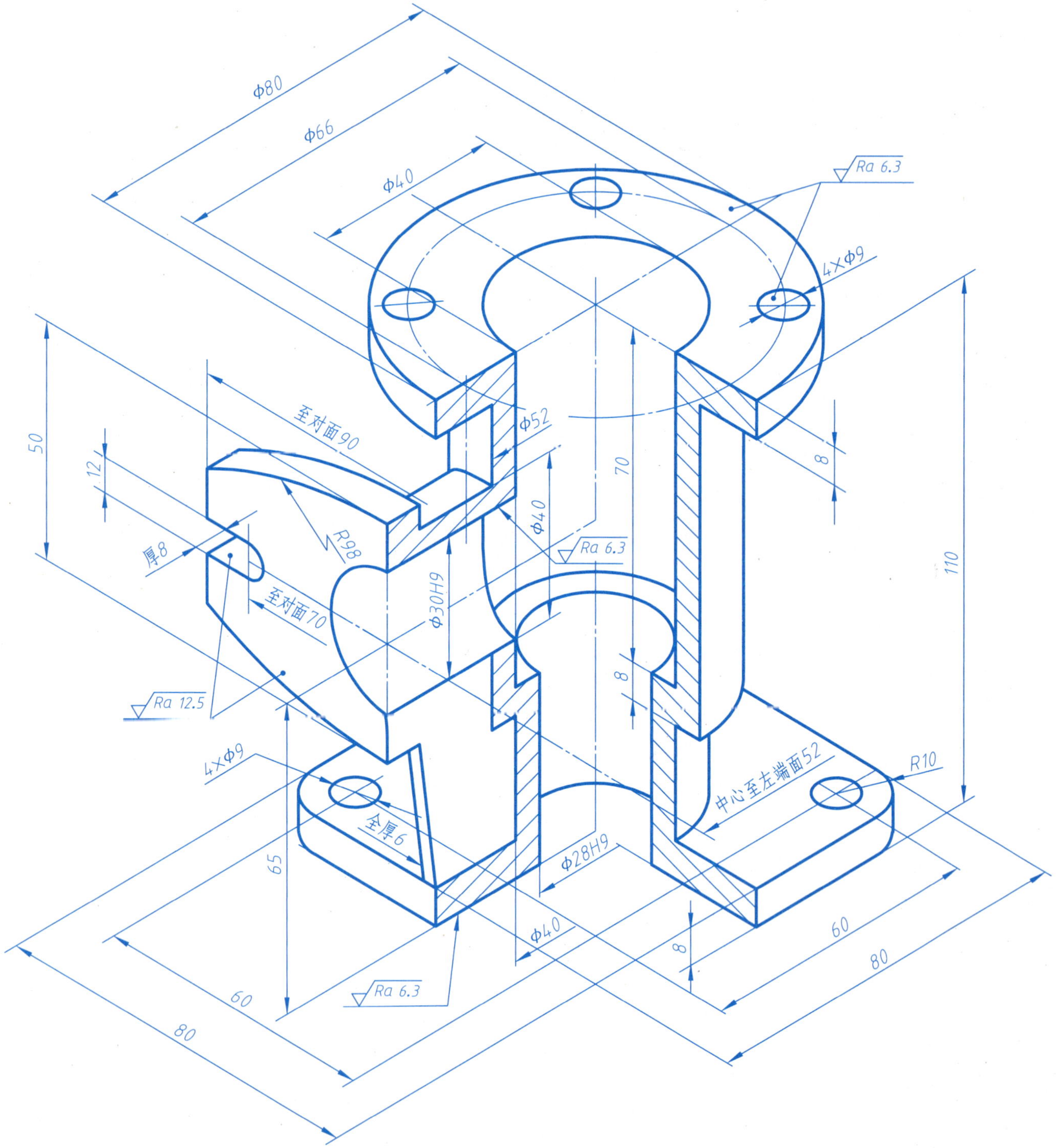

立体模型
8.5.2

未注铸造圆角 R2～R5。

名称：泵体
材料：HT200

第 8 章 零件图

班级_____ 姓名_____ 学号_____

8.6 零件图单元测验

1) 选择填空。

① 下面装配图中，齿轮画法正确的是_____。

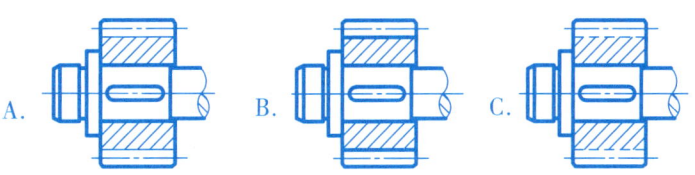

A.　　　　B.　　　　C.

② 已知以下配合尺寸，判断哪一个说法是正确的。_____

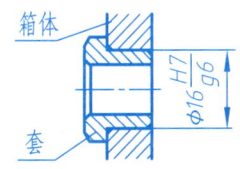

A. 箱体与套的配合是基孔制，孔的基本偏差代号是 H，公差等级为 7 级

B. 箱体与套的配合是基孔制，孔的基本偏差代号是 g，公差等级为 6 级

C. 箱体与套的配合是基轴制，轴的基本偏差代号是 H，公差等级为 7 级

D. 箱体与套的配合是基轴制，轴的基本偏差代号是 g，公差等级为 6 级

③ 已知键连接有三种不同剖视图，判断哪一个视图是错误的。_____

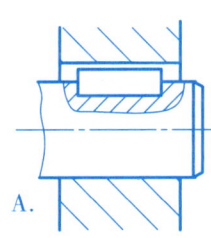 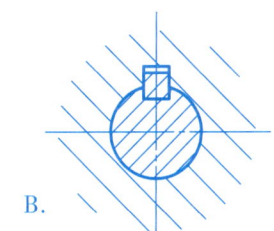 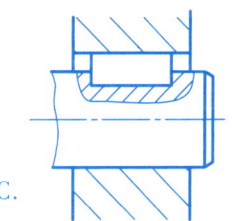

A.　　　　B.　　　　C.

④ 下面表面粗糙度标注中，没有错误的是_____。

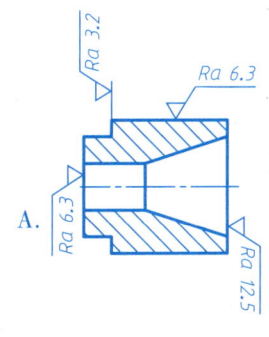 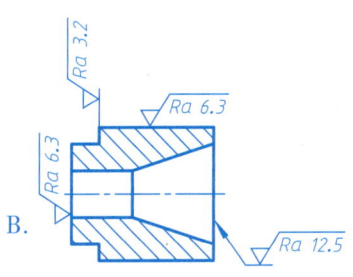 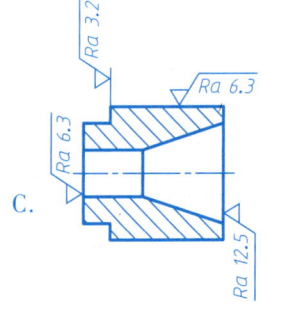

A.　　　　B.　　　　C.

2) 判断对错。

① 已知以下图中的配合尺寸，下列说法正确的打"√"，错误的打"×"。

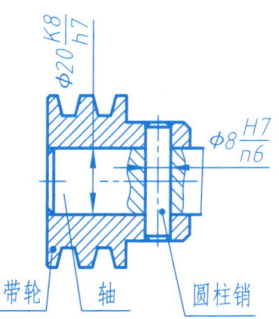

带轮　轴　圆柱销

圆柱销与轴的配合是基孔制，圆柱销的基本偏差代号是 H。（　）

圆柱销与轴的配合是基孔制，圆柱销的基本偏差代号是 n。（　）

带轮与轴的配合是基轴制，带轮中的孔基本偏差代号是 h。（　）

带轮与轴的配合是基轴制，带轮中的孔基本偏差代号是 H。（　）

② 已知以下两齿轮啮合图形，正确的打"√"，错误的打"×"。

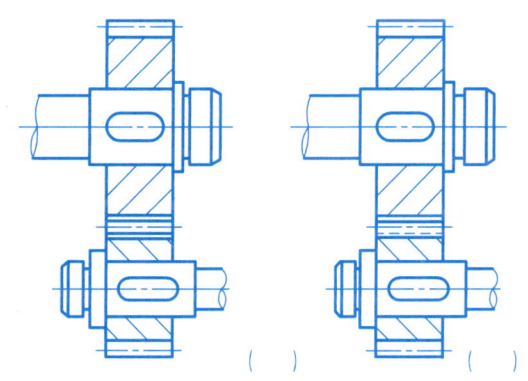

（　）　　　（　）

③ 以下螺纹连接图，正确的打"√"，错误的打"×"。

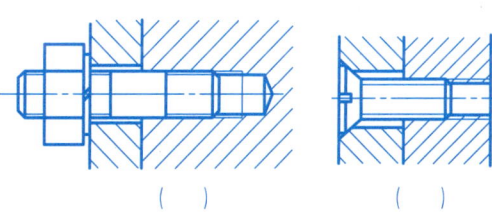

（　）　　　（　）

第8章 零件图

8.6 零件图单元测验

3)读零件图完成下列问题。

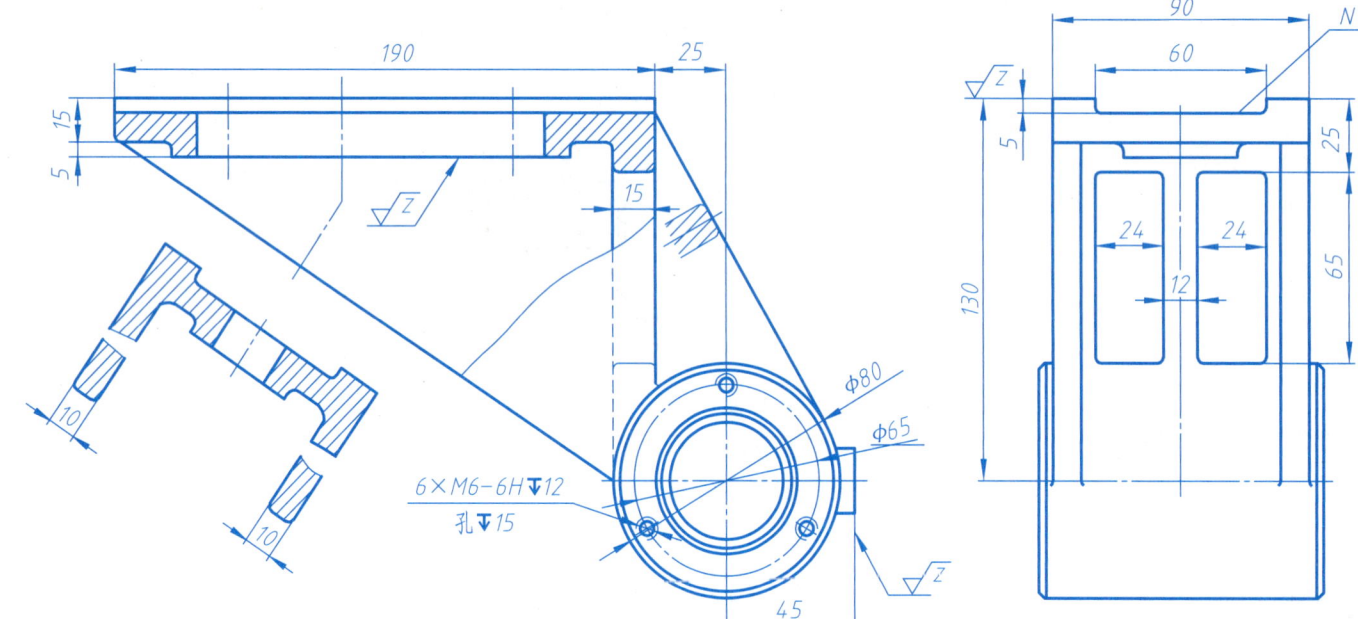
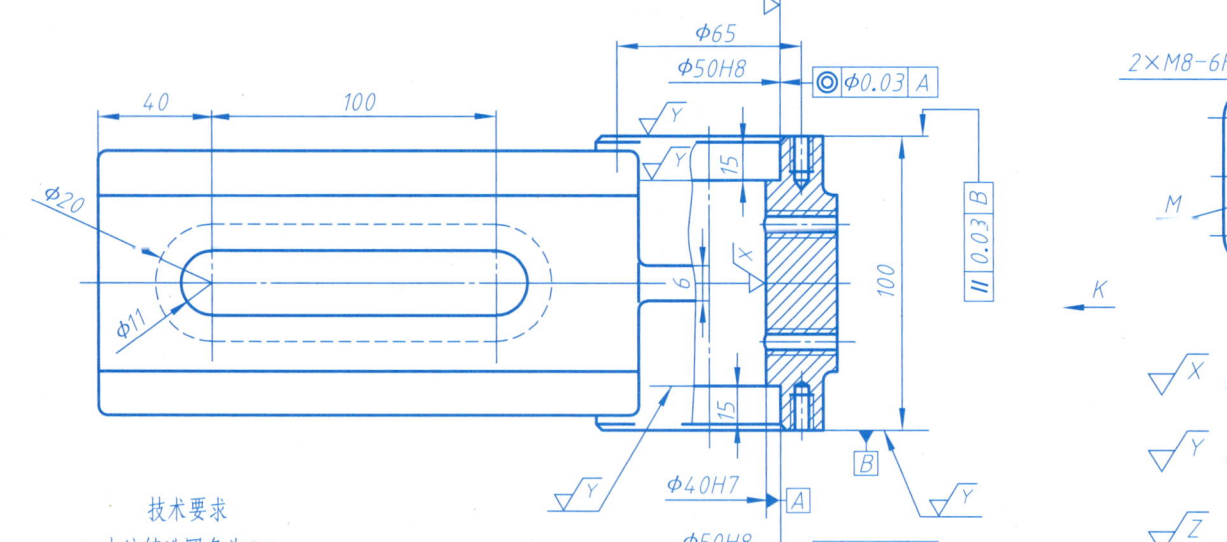

阅读托架零件图,回答下列问题。

① 该零件的材料是_____,该零件的主视图采用(全剖/半剖/局部剖视)_____表达方案,俯视图采用(全剖/半剖/局部剖视)_____表达方案。

② 前端面上共有_____个供连接用的螺纹孔,其定位尺寸是_____,螺纹深度是_____。

③ 图中标有 M 的表面粗糙度为_____、顶面的粗糙度为_____。

④ 尺寸 $\phi50H8$ 的上极限尺寸是_____mm,当该孔的尺寸是 $\phi50.06$ 时,该零件是否合格?_____。

⑤ 尺寸 $6\times M6-6H$ 是(内/外)_____螺纹,螺纹种类是_____,公称直径为_____,(左/右)_____旋,_____旋合长度。

⑥ ◎ $\phi0.03$ A 的含义是_____。

⑦ 按原图比例完成零件的右视外形图(细虚线不画)。

第 8 章 零件图

8.6 零件图单元测验

4) 在下方按去除材料方法标注指定表面的粗糙度值。
① A 面 Ra 值为 6.3μm。
② B 面 Ra 值为 6.3μm。
③ C2 倒角面 Ra 值为 12.5μm。
④ φ12 孔表面 Ra 值为 3.2μm。
⑤ φ22 孔表面 Ra 值为 6.3μm。
⑥ 其余表面为不加工表面。

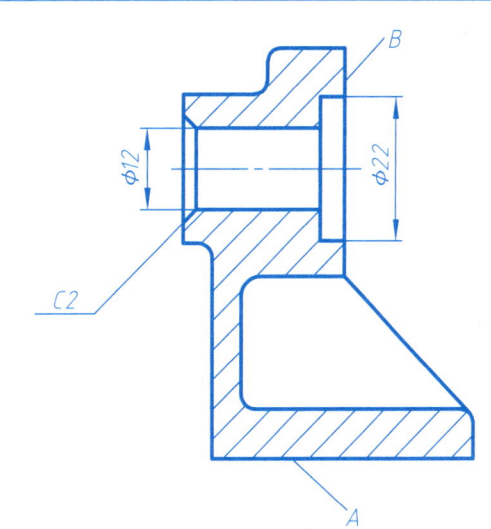

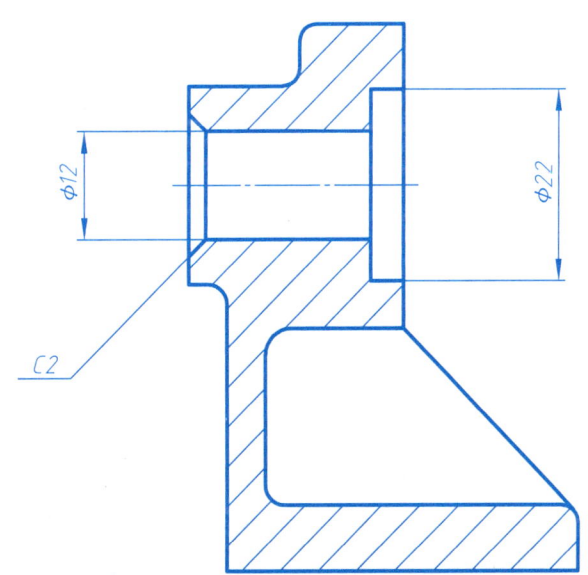

5) 完成下列零件的尺寸标注。

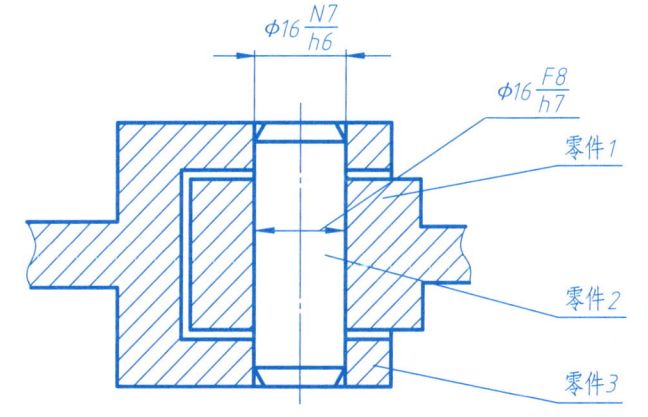

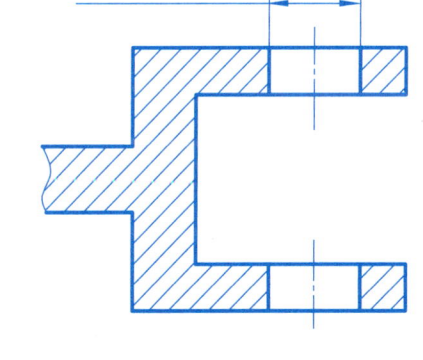
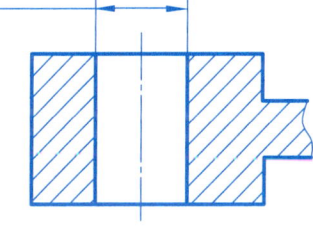

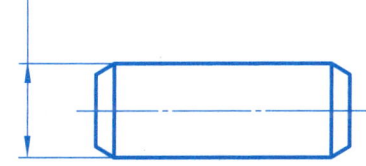

第 9 章 装配图

班级_____ 姓名_____ 学号_____

9.1 主题任务

1) 根据千斤顶的装配示意图及零件图绘制装配图。
① 选择合适的表达方案绘制装配图。
② 图中螺钉尺寸可查看配套教材附录或相关标准。
③ 标注必要的尺寸,标注零件序号并填写明细栏。

千斤顶工作原理

千斤顶是利用螺旋传动来顶举重物的。它是汽车修理或机械安装等行业常用的一种起重工具,但顶举高度不能太高。

铰杆穿在螺旋杆顶部孔中,把螺旋杆从螺套中旋起,顶垫上部把重物举起。螺套镶在底座里并且用螺钉固定,在螺旋杆的球面顶部,套一个顶垫,在螺旋杆顶部开了个环形槽,可以将紧定螺钉的端部伸进螺旋杆顶部的槽内,使之不会脱落。

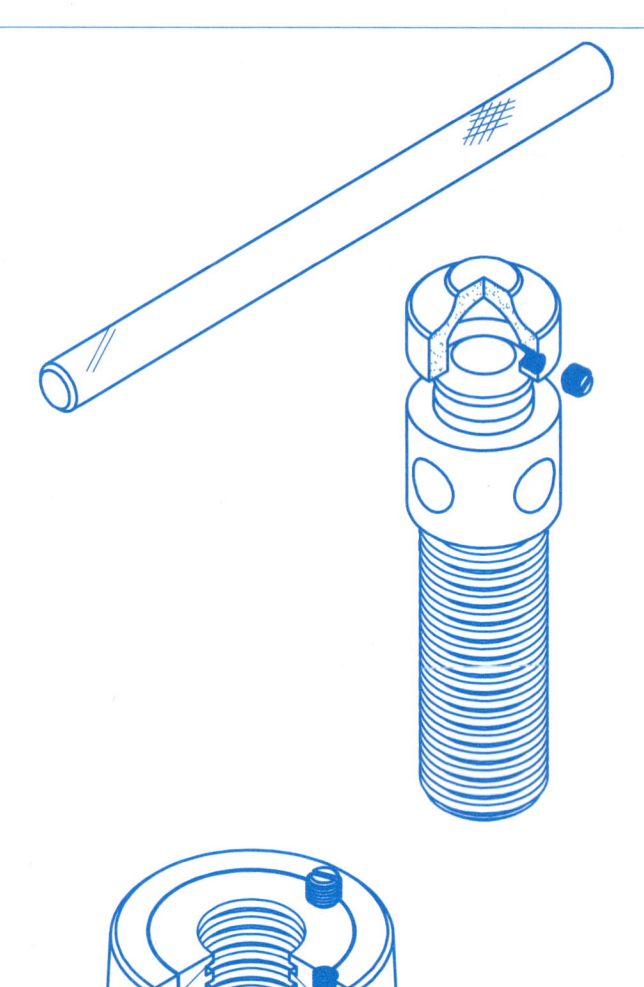

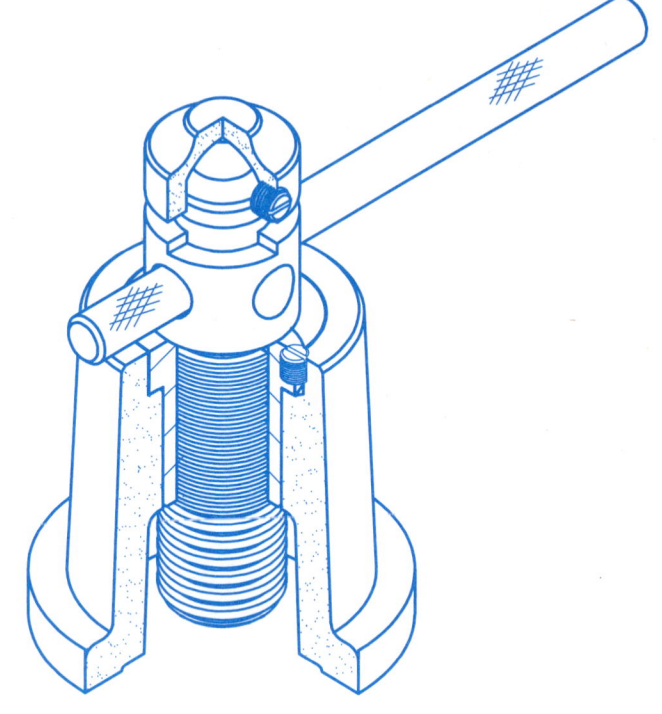

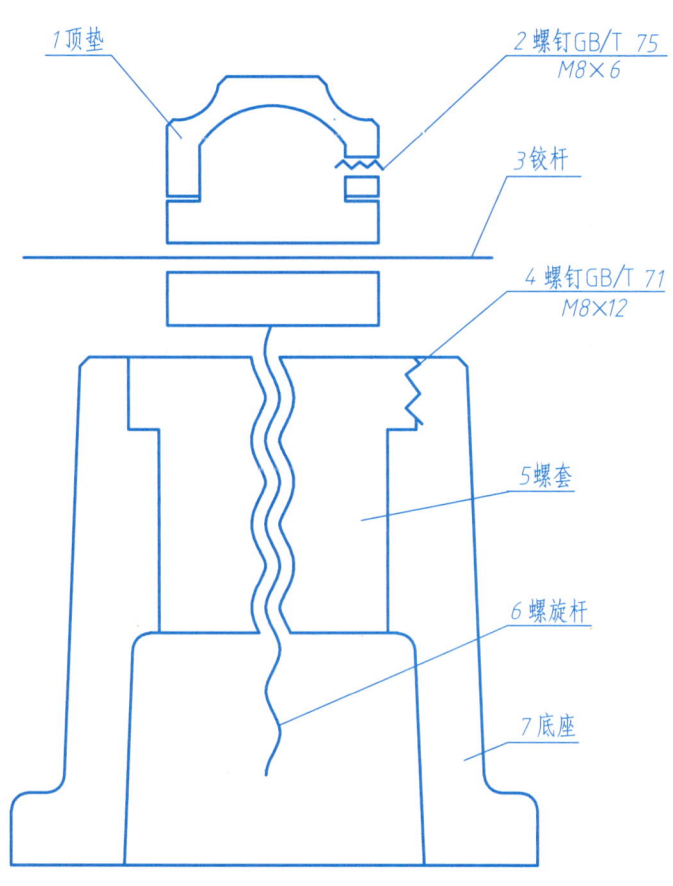

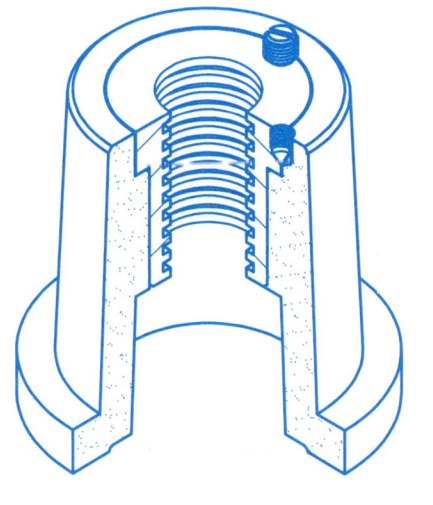

装配示意图

7	底座	1	HT200	
6	螺旋杆	1	45	
5	螺套	1	ZCuSn5Pb5Zn5	
4	螺钉 M8×12	1	35	GB/T 71—2018
3	铰杆	1	Q235AF	
2	螺钉 M8×6	1	35	GB/T 75—2018
1	顶垫	1	45	
序号	名称	件数	材料	备注

设计		(日期)	(材料)		(校名)
校核		(日期)	比例	1:1	千斤顶
审核		(日期)	数量		
班级		学号	共 页 第 页		(图号)

第 9 章 装配图

9.1 主题任务

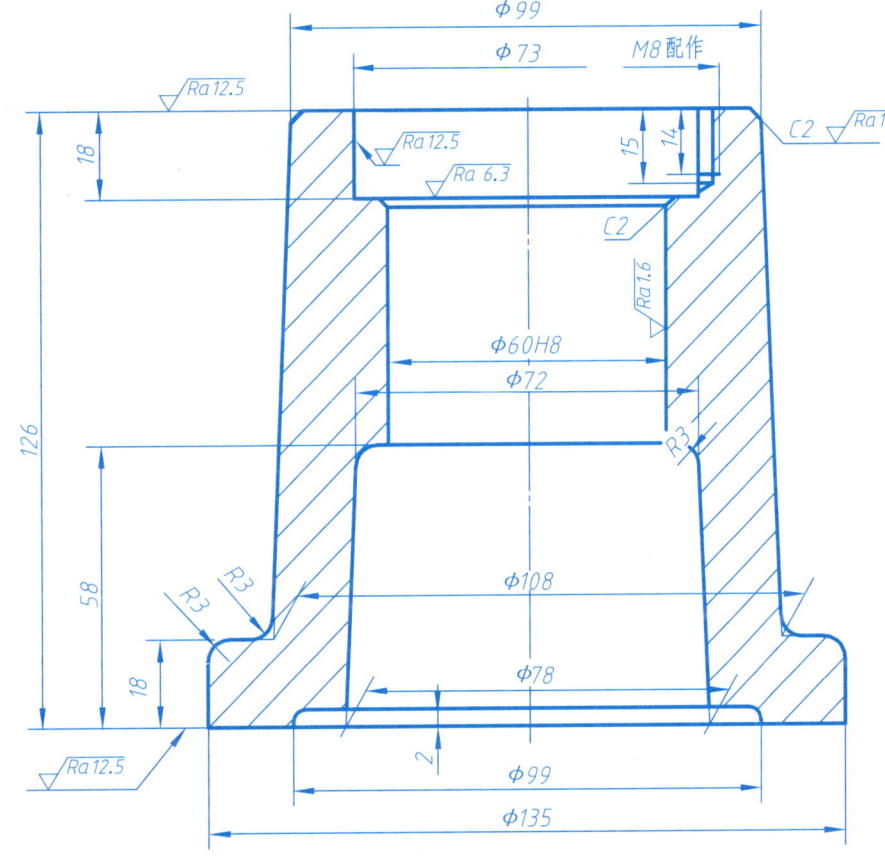

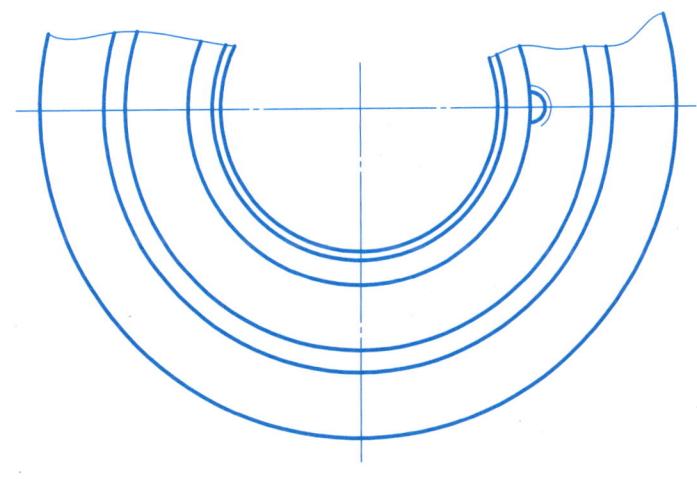

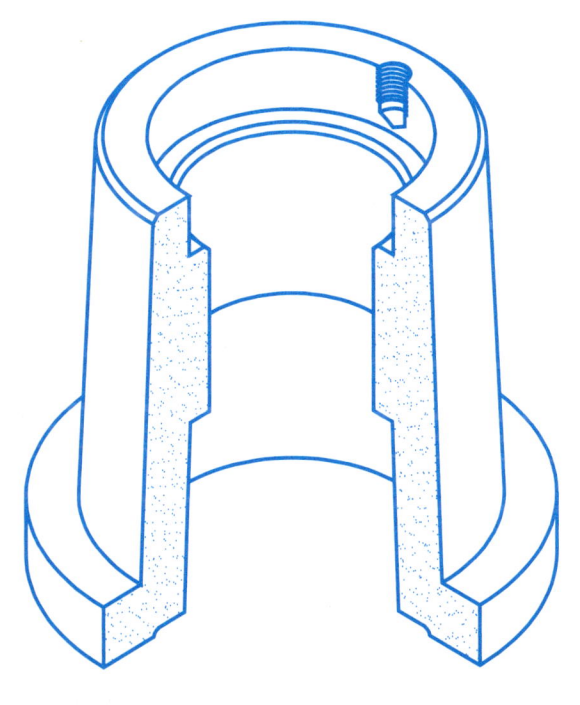

技术要求
未注圆角R2。

7	底座	1	1:1	HT200
序号	名称	数量	比例	材料

第 9 章 装配图

班级_____ 姓名_____ 学号_____

9.1 主题任务

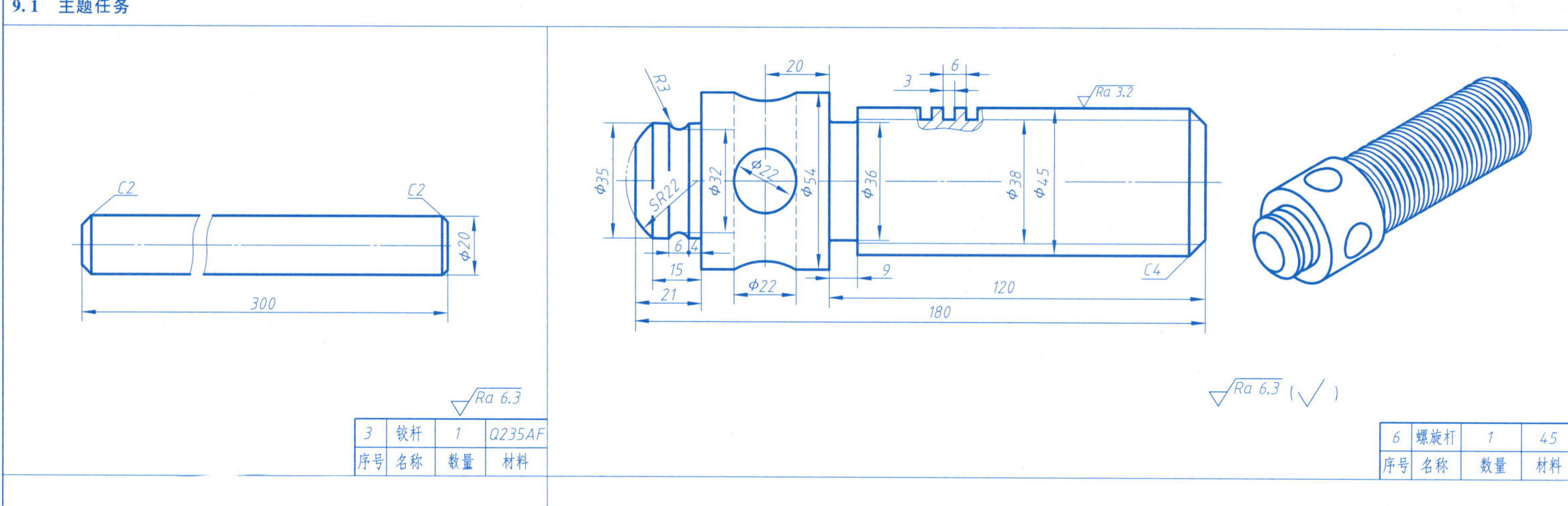

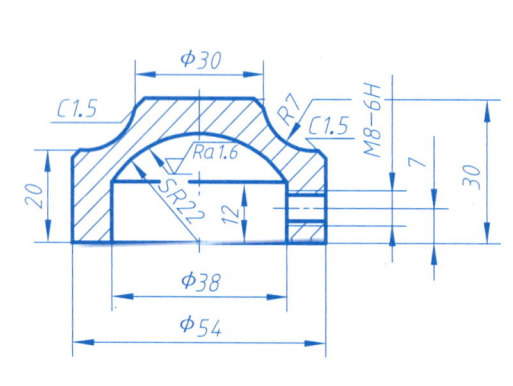

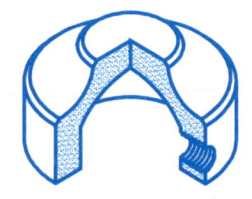

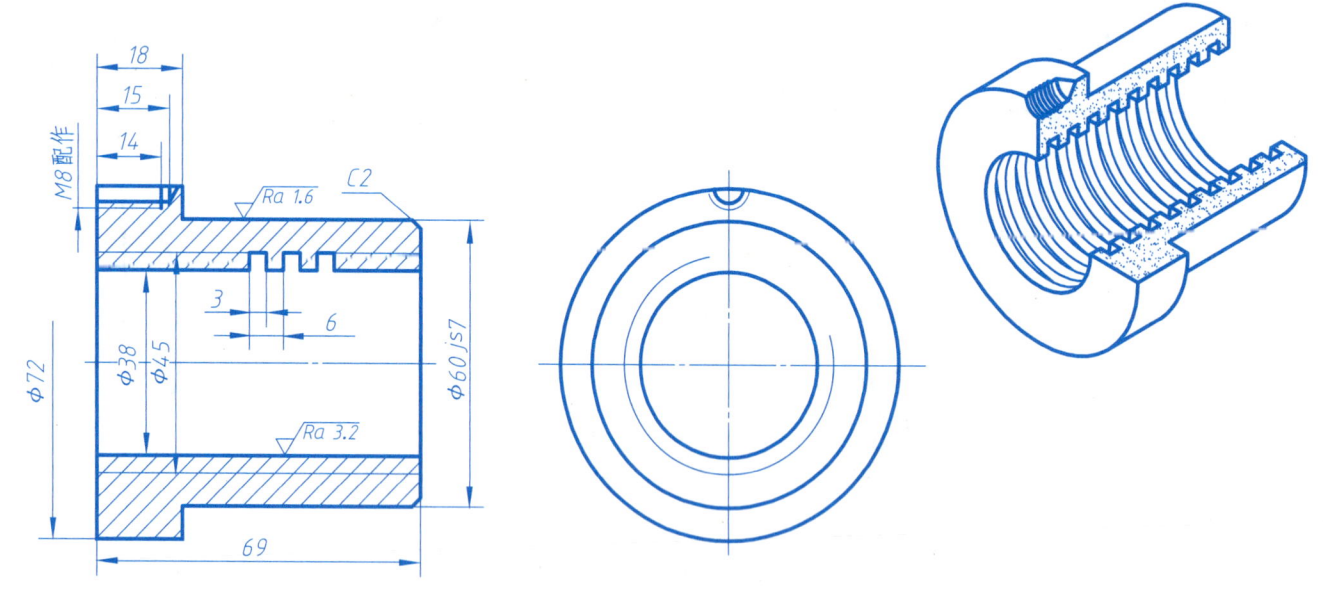

9.1　主题任务

2）根据柱塞泵的工作原理、装配示意图及其零件图绘制装配图。

①选择适当图幅的图纸和比例绘制装配图。

②选择合适的方案对装配体进行表达。

③图中螺纹紧固件的尺寸可查看配套教材附录或相关标准。

④标注必要的尺寸，编写零件序号并填写明细栏。

⑤填写标题栏。

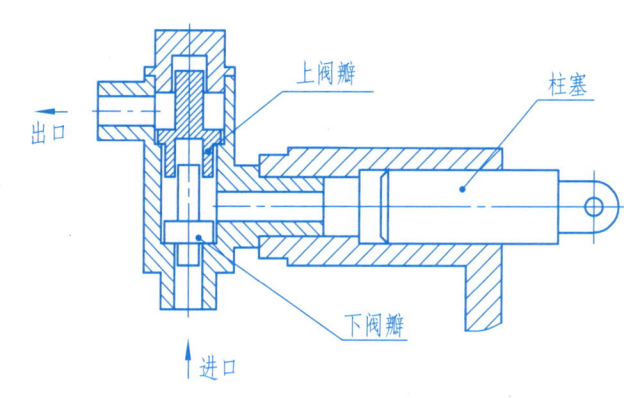

柱塞泵工作原理示意图

上阀瓣
柱塞
出口
下阀瓣
进口

柱塞泵工作原理

柱塞泵是输送液体的增压设备。由电动机及其他机构带动柱塞作往复运动。当柱塞向右运动时，泵体内空间增大，内腔压力降低，液体在大气压作用下，从进口冲开下阀瓣进入泵体。当柱塞向左移动时，泵内液体压力增大，压紧下阀瓣冲开上阀瓣，使液体从出口流出，柱塞不断地往复运动，液体不断地被吸入和输出。

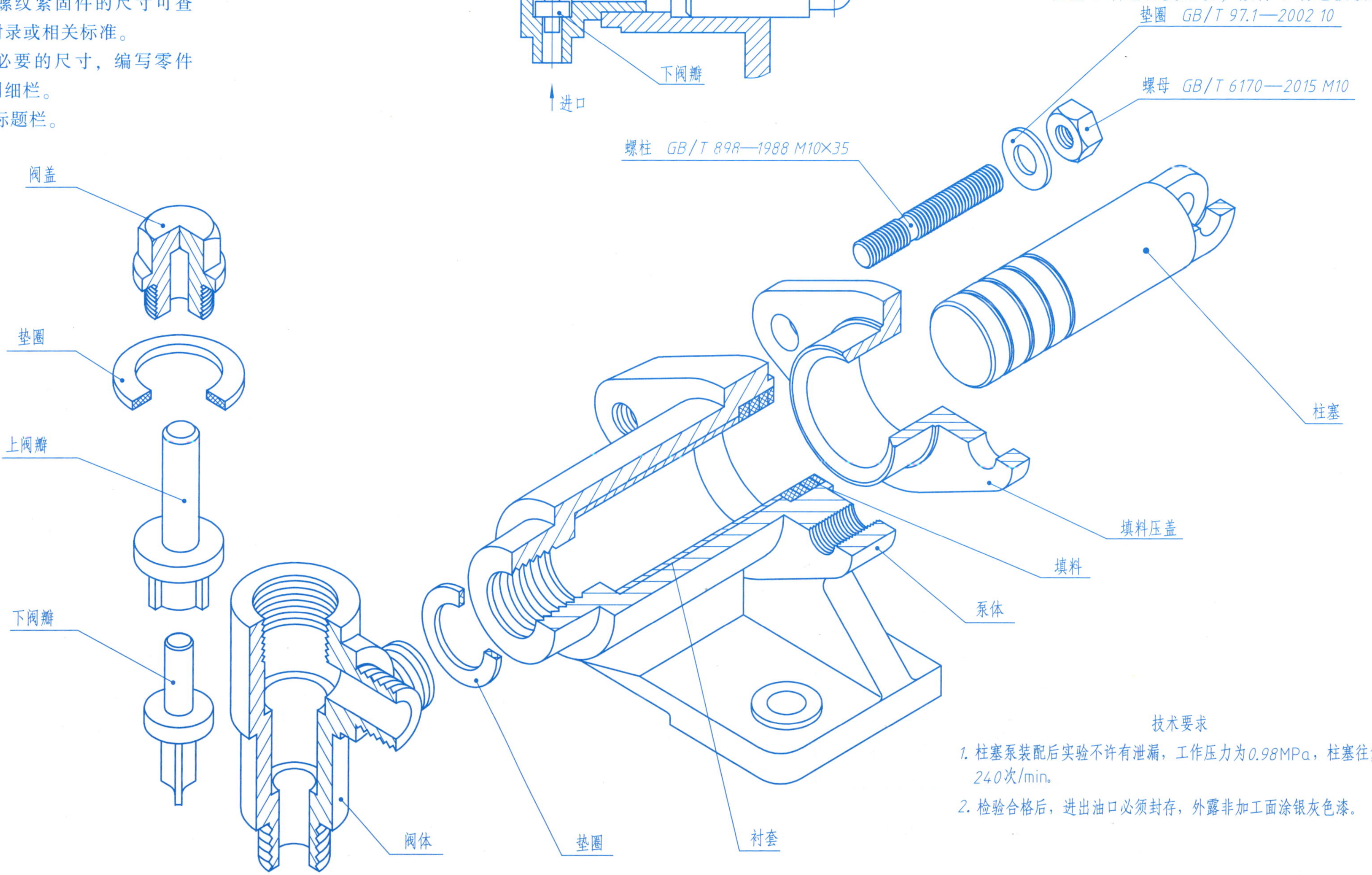

垫圈 GB/T 97.1—2002 10
螺母 GB/T 6170—2015 M10
螺柱 GB/T 898—1988 M10×35
阀盖
垫圈
上阀瓣
下阀瓣
柱塞
填料压盖
填料
泵体
阀体
垫圈
衬套

技术要求

1. 柱塞泵装配后实验不许有泄漏，工作压力为0.98MPa，柱塞往复240次/min。
2. 检验合格后，进出油口必须封存，外露非加工面涂银灰色漆。

第 9 章 装配图

9.1 主题任务

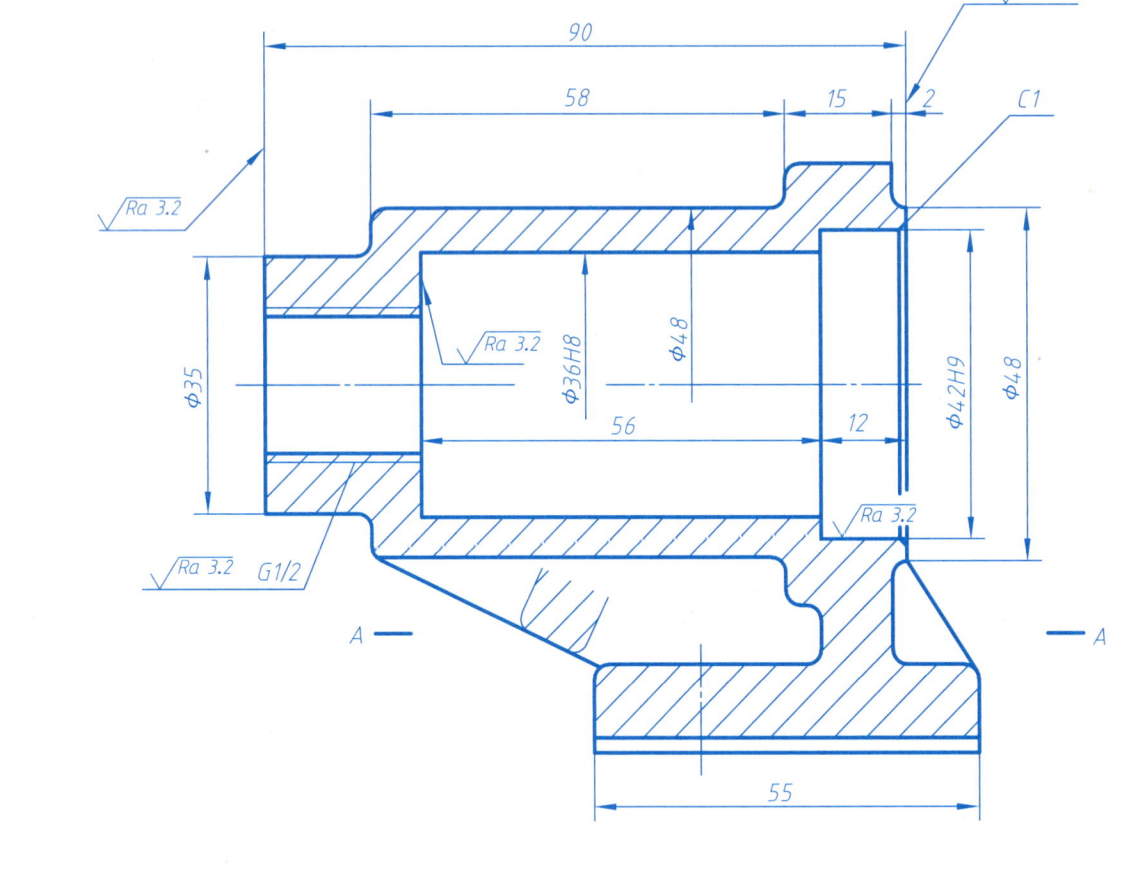
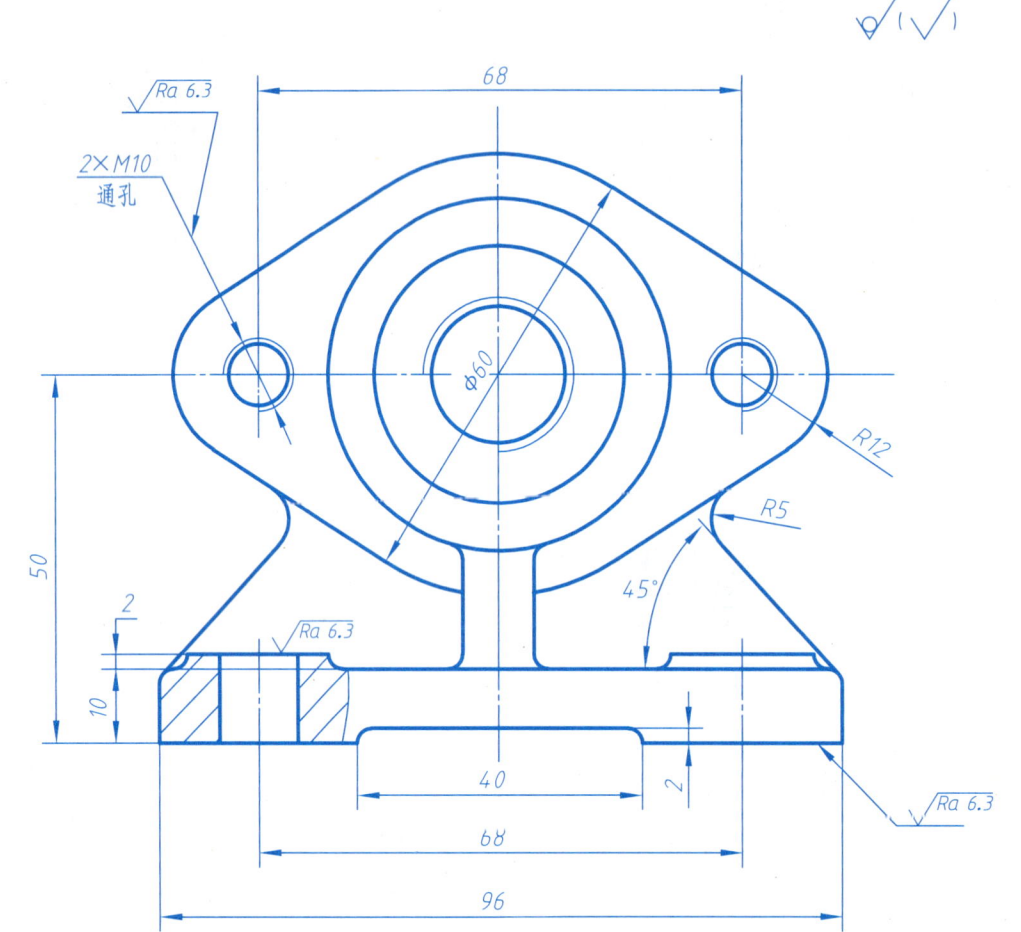
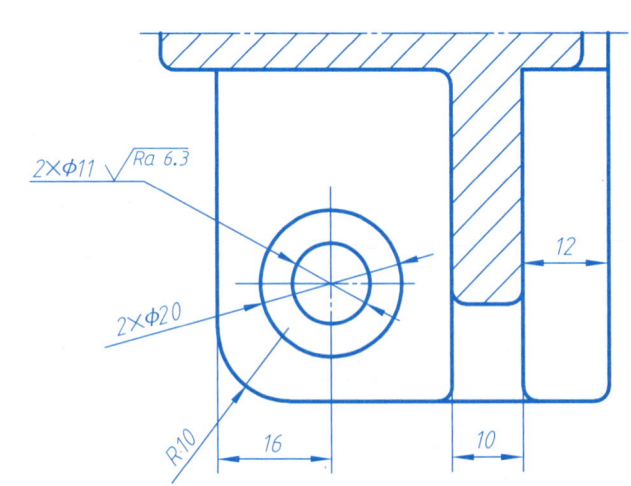

技术要求
1. 铸造圆角 R2~R4。
2. 铸件不准有砂眼及缩孔。

泵体	1	HT200
名称	数量	材料

第 9 章 装配图

9.1 主题任务

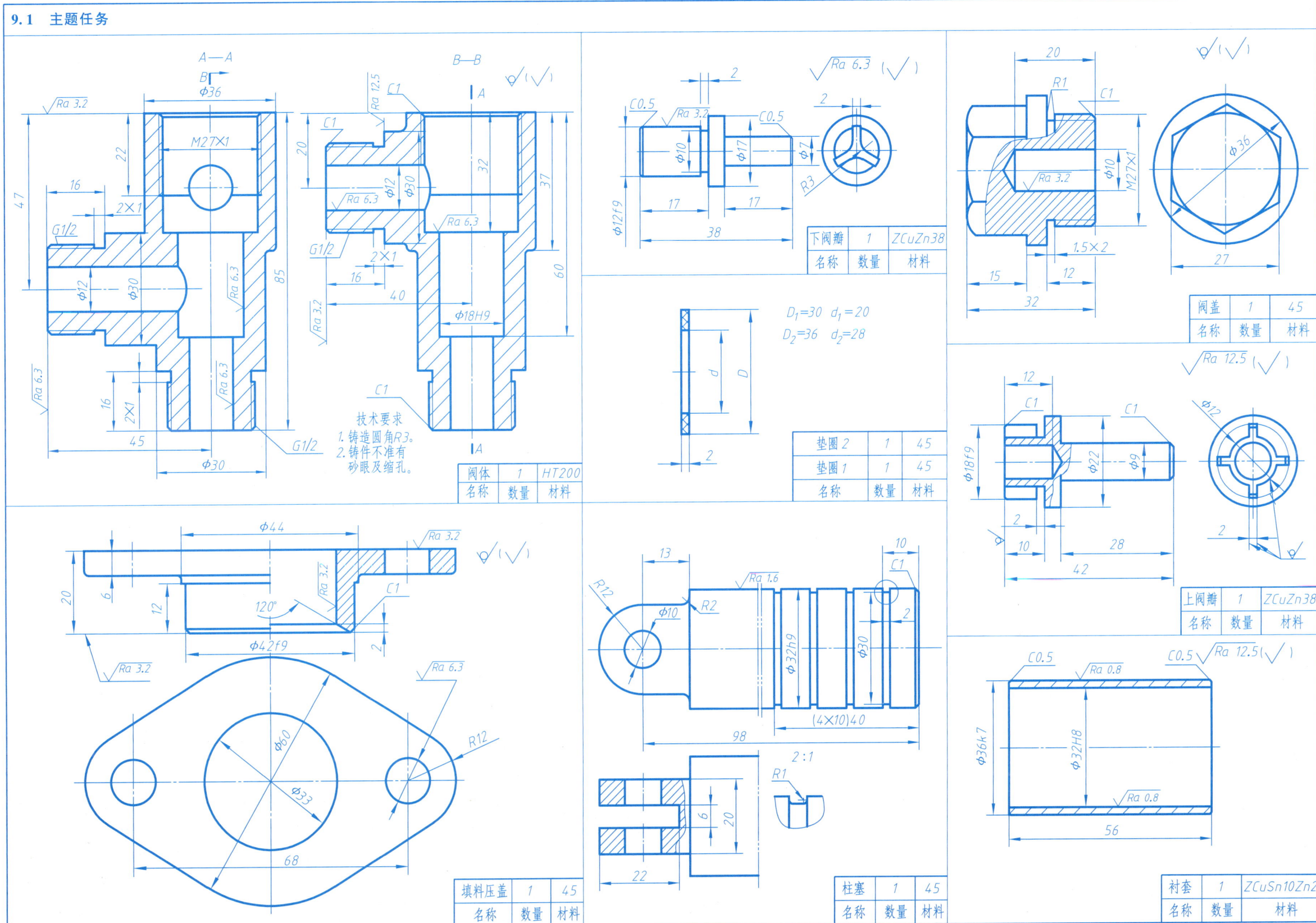

第 9 章 装配图

9.2 装配图的尺寸标注

阅读螺纹调节支承装配图和相关的零件图，标注装配图中的尺寸。

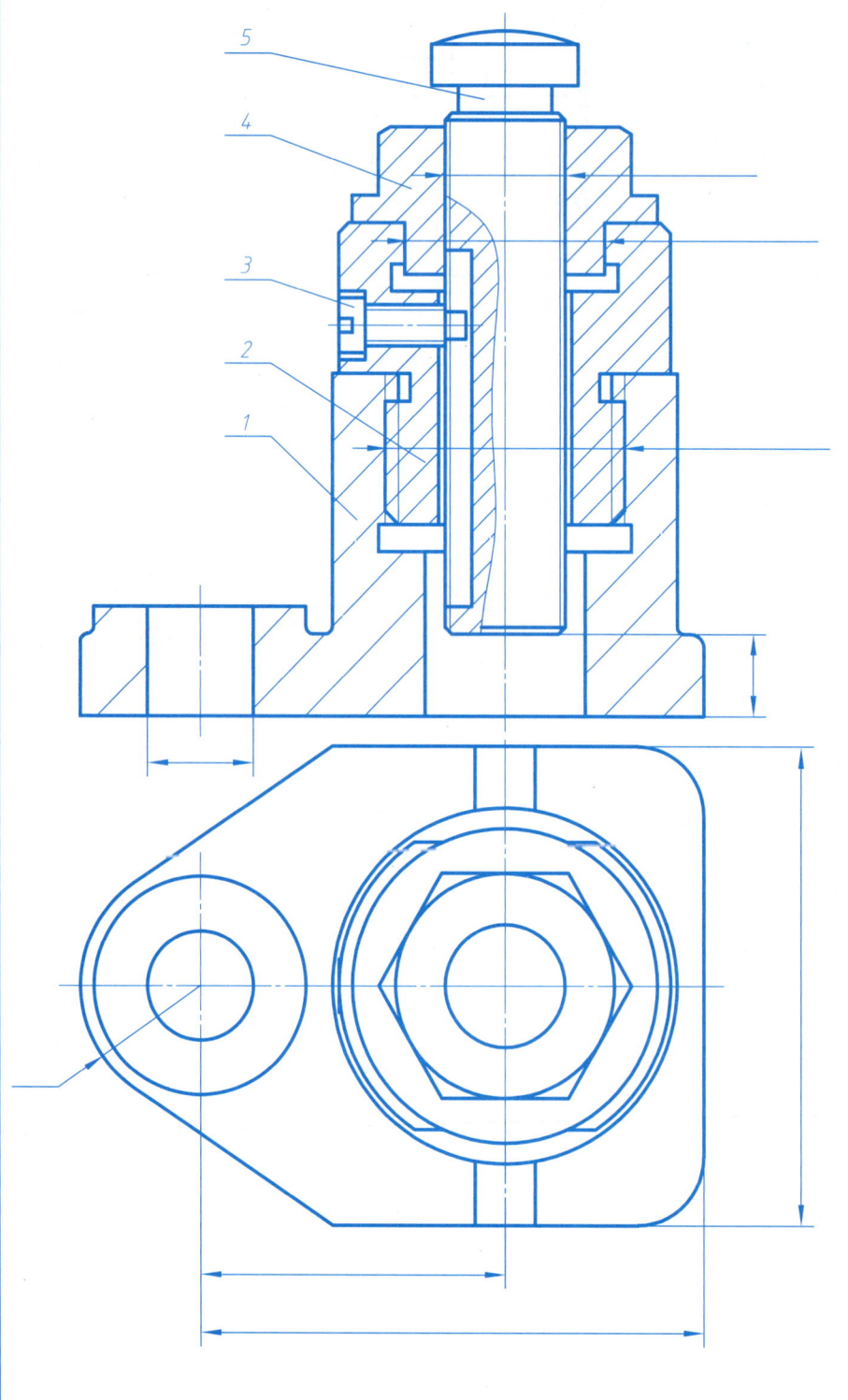

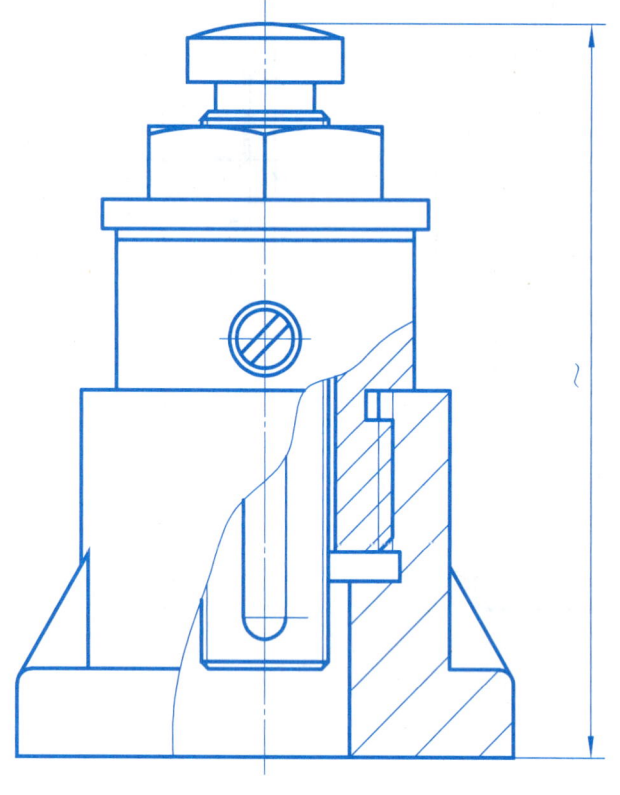

螺纹调节支承工作原理

螺纹调节支承用来支承不太重的零件。使用时，转动调节螺母，支承杆便上下移动，达到所需要的高度。

技术要求
零件2与零件5相配合的孔按$\phi 20H12$加工。

5	支承杆	1	45	
4	调节螺母	1	45	
3	螺钉M6×12	1	45	GB/T 65改制
2	套筒	1	45	
1	底座	1	HT200	
序号	名称	件数	材料	备注

设计		（日期）	（材料）	（校名）
校核		（日期）	比例 1:1 数量	螺纹调节支承
审核		（日期）		
班级		学号	共 页 第 页	（图号）

第 9 章 装配图

9.2 装配图的尺寸标注（螺纹调节支承机构的零件图）

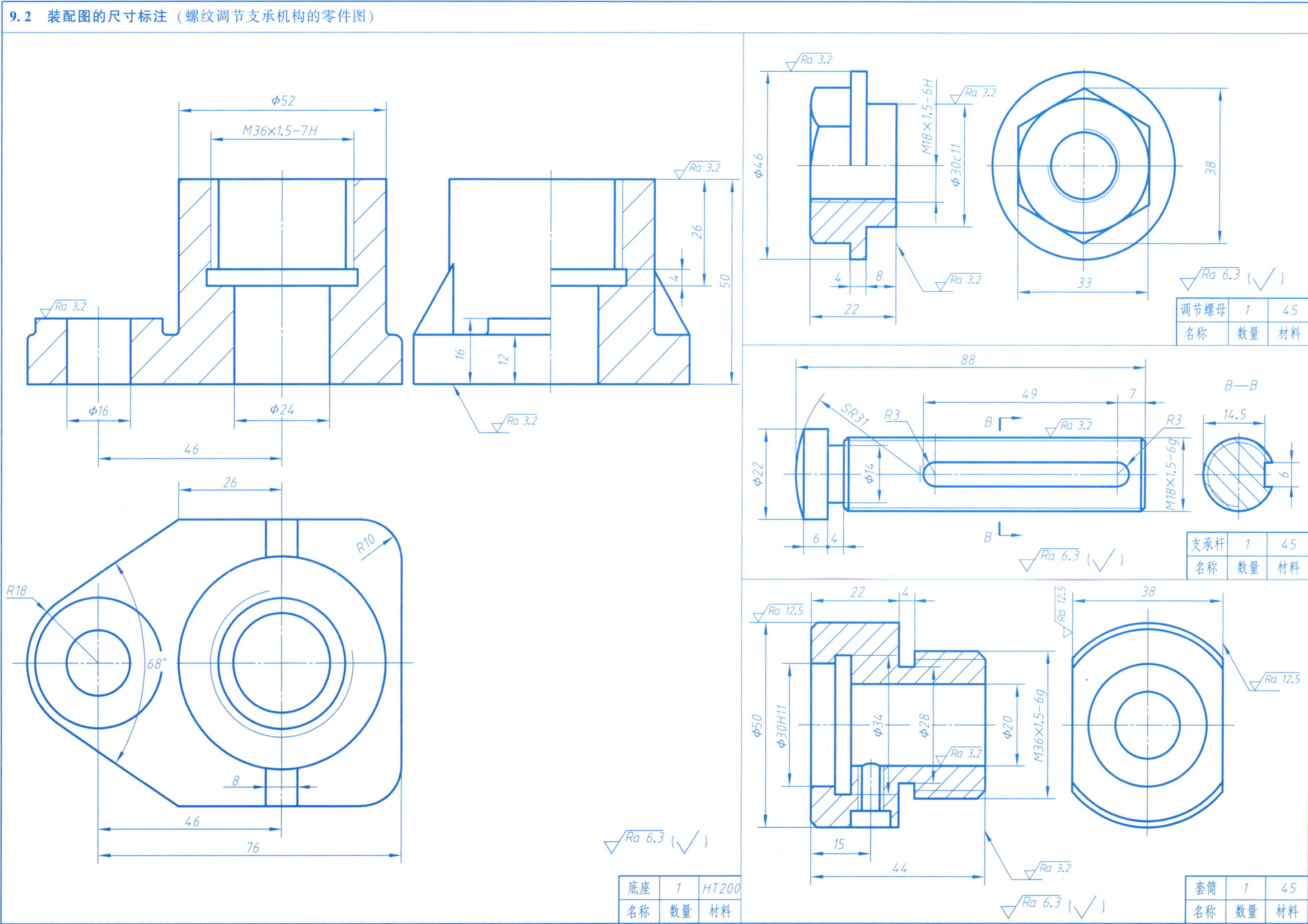

第 9 章 装配图

9.3 装配图中零部件序号和明细栏

1) 已知联轴器装配图中有以下要求。

① 输入端法兰 7 和输出端法兰 9 之间用四组螺栓紧固组件连接。

　　螺栓　GB/T 5782—2016　M12×50

　　螺母　GB/T 6170—2015　M12

　　垫圈　GB/T 97.1—2002　12

② 输入轴 6 和输入端法兰 7 之间用普通平键连接。

　　键　8×7×28　GB/T 1096—2003

使用锥端紧定螺钉轴向固定：

　　螺钉 GB/T 71　M6×16

③ 输出轴 10 和输出端法兰 9 之间用圆柱销连接。

　　销　GB/T 119.2—2000　6×60

2) 按上面要求完成下列作图。

① 补全零件的序号（包括标准件）。

② 补全明细表（包括标准件）。

③ 零件材料属性为输入轴（序号 6），材料为 45 钢；输入端法兰（序号 7），材料为 HT200；输出轴，材料为 45 钢；输出端法兰（序号 9），材料为 HT200。各标准件可查阅标准手册。

④ 标注配合尺寸。在键连接处轴和孔的尺寸配合代号为 $\phi 20H7/n6$；在销连接处尺寸配合代号为 $\phi 6H7/m6$。

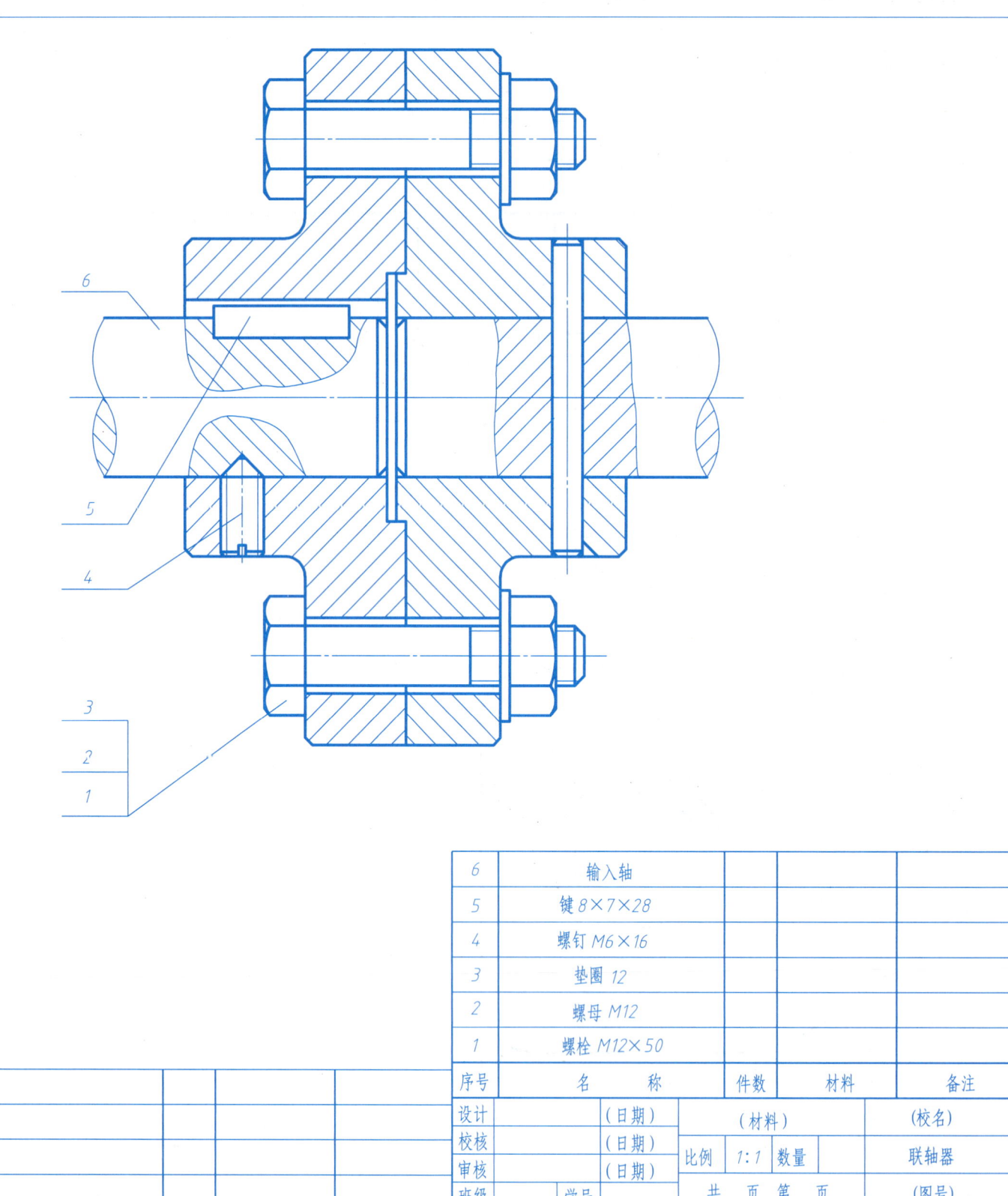

第 9 章 装配图

9.4 读装配图和拆画零件图

1) 读装配图，完成下列各题。

① 读泄压阀装配图，回答问题。

② 选用合适图纸按以下要求拆画零件 5 阀座的零件图。

绘制零件 5 阀座全剖的主视图、俯视图和左视图，并标注尺寸（图中未标注的尺寸按实测数据圆整标注）。

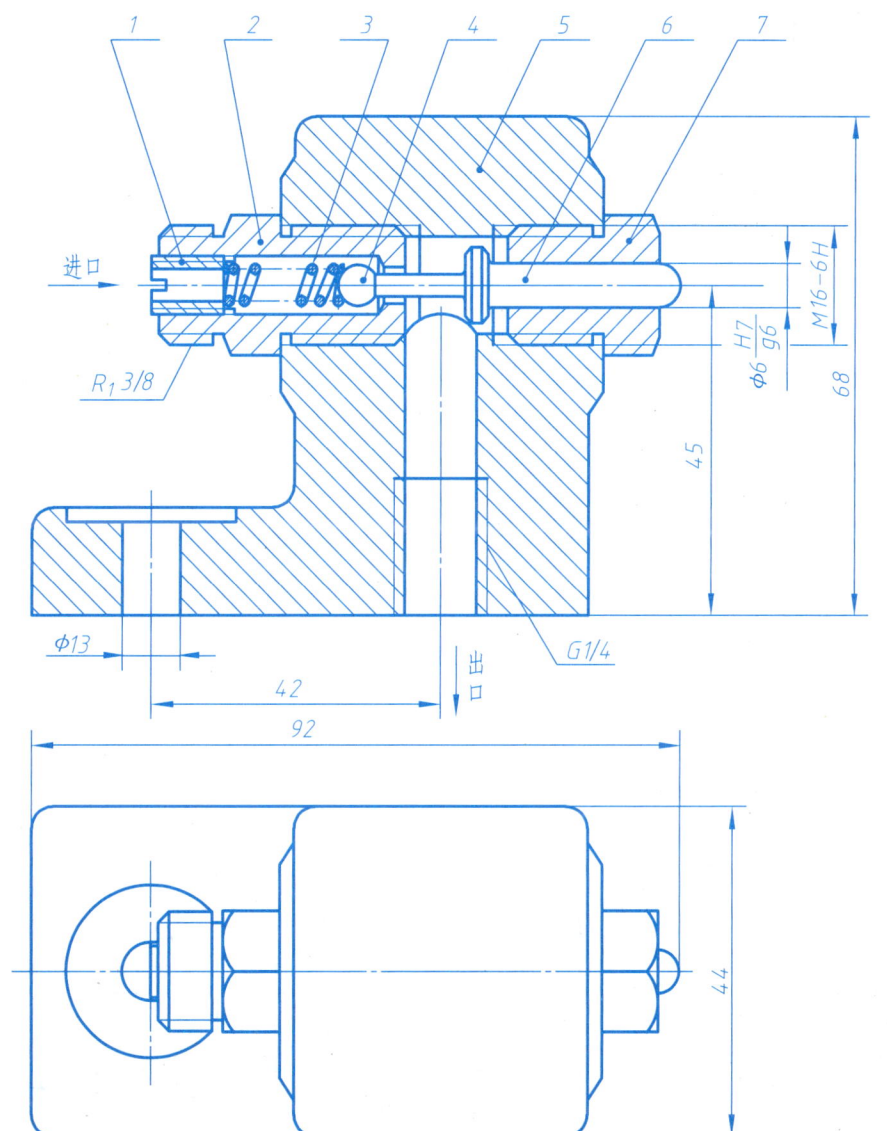

回答下列问题。

① 序号 2 零件的名称是_____，材料是_____，其与序号 1 零件的连接形式是采用_____连接。

② 设备处在当前位置（见主视图）时，是（开/关）_____状态。

③ 装配图中属于标准件的件号有_____，属于配合尺寸的是_____，属于外形尺寸的是_____等，属于安装尺寸的有_____、_____等，属于规格尺寸的有_____、_____等。

④ 尺寸 φ6H7/g6 是件_____和件_____的配合尺寸，公称尺寸是_____，属于基（孔/轴）_____制，配合种类为（间隙、过渡、过盈）_____配合，孔的标准公差等级是_____级。

⑤ 简述设备的工作原理，试画出装配示意图。

3	弹簧 YA 1×6×20	1	55Si2Mn	GB/T 2089—2009
2	阀套	1	Q235A	
1	调整螺套	1	Q235A	
序号	名 称	件数	材料	备注
7	阀杆套	1	35	
6	阀杆	1	35	
5	阀座	1	HT200	
4	钢球 5.5	1	45	GB/T 308.1—2013

设计		（日期）	（材料）	（校名）
校核		（日期）	比例 1:1	数量	泄压阀
审核		（日期）			
班级	学号		共 页 第 页	（图号）

第 9 章 装配图

9.4 读装配图和拆画零件图

2) 读装配图，完成下列各题。

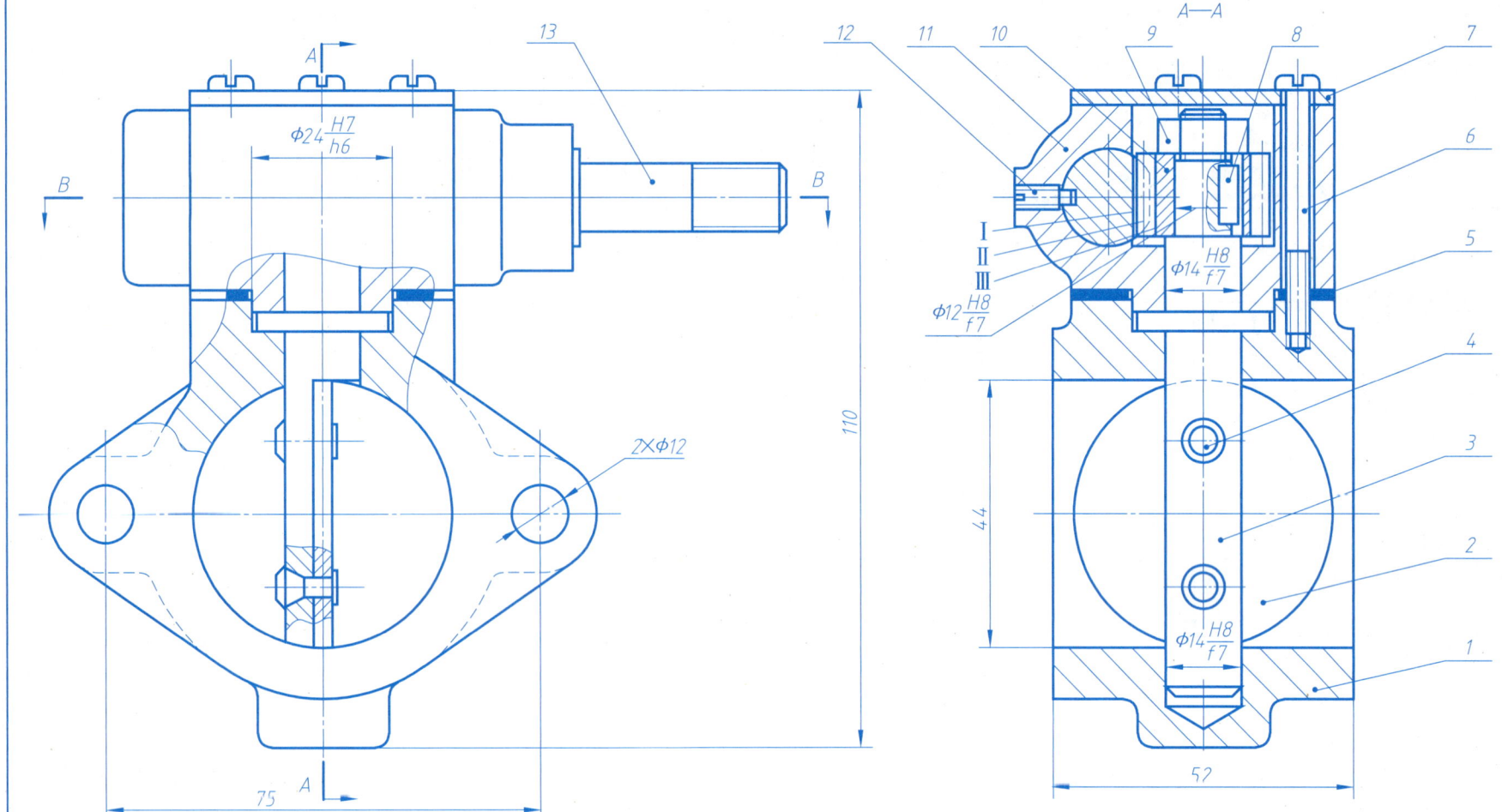

蝴蝶阀工作原理

蝴蝶阀是管道中用以截断流体的部件，当外力推动齿杆13左右移动时，与齿杆（齿条）啮合的齿轮10就带动阀杆3旋转，使阀门2开启或关闭。

第 9 章 装配图

9.4 读装配图和拆画零件图

在下面按 1∶1 画出零件 11 阀盖的零件图（不注尺寸，主视图画外形视图，俯视图及左视图画全剖视图）。

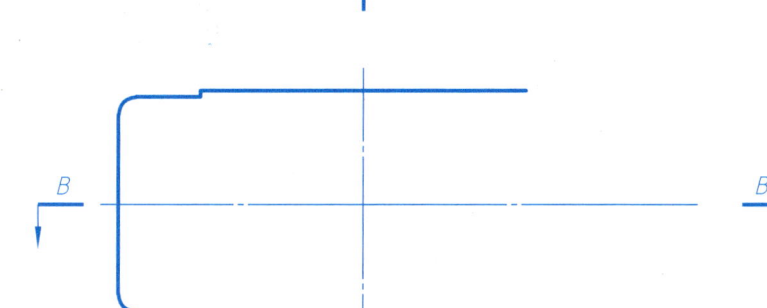

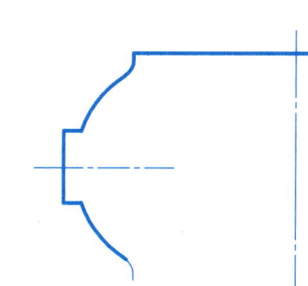

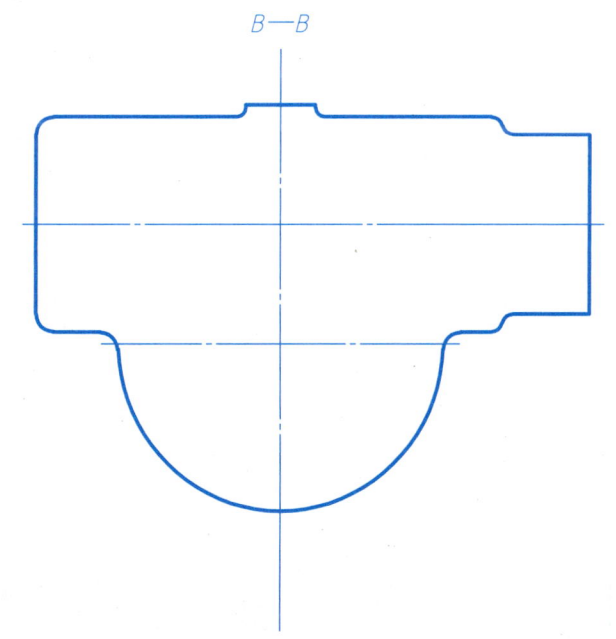

读装配图，回答问题。

① 蝴蝶阀由_____种零件组成，其中标准件有_____种。

② 该装配图共用_____个视图表达，其中左视图采用_____剖视图。

③ 齿轮 10 的材料是_____，齿轮 10 与阀杆 3 的连接形式是采用_____连接。

④ 俯视图中点画线 A 是齿轮的_____圆，此圆的作用是_____。

⑤ 图中尺寸属于安装尺寸的是_____、_____，属于装配尺寸的是_____、_____等。

⑥ 尺寸 $\phi16H8/f7$ 是件_____和件_____的配合尺寸，公称尺寸是_____，配合制度为基_____制，配合种类为_____。

第 9 章 装配图

班级_____ 姓名_____ 学号_____

9.5 装配图单元测验

1) 选择题

① 下图中能实现正确安装的是（　　）。

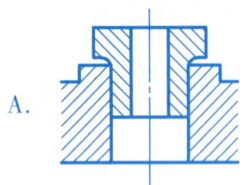 A.　　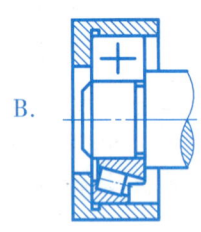 B.　　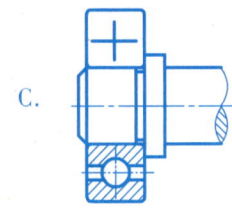 C.

② 装配工艺结构正确的是（　　）。

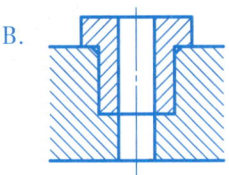 A.　　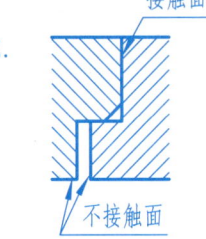 B.　　C.

③ 读装配图填空。

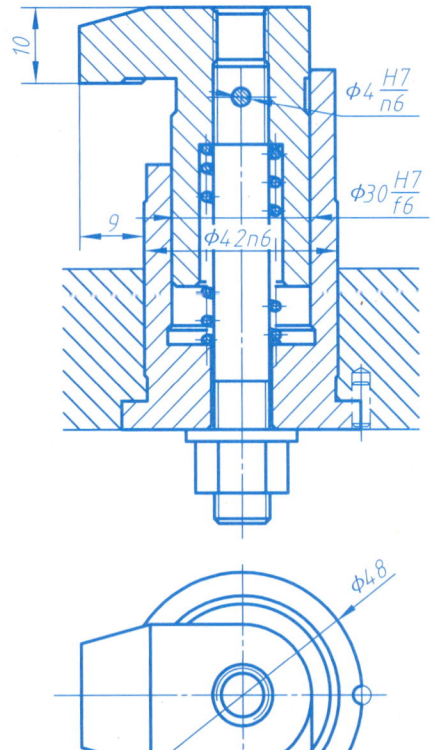

图中配合尺寸的是（　　）。
A. φ4H7/n6
B. 9
C. 65-93

图中安装尺寸的是（　　）。
A. φ30H7/f6
B. φ48
C. 65-93

图中外形尺寸的是（　　）。
A. φ30H7/f6
B. φ48
C. 10

2) 判断下列命题，正确的打"√"，错误的打"×"。

① 接触面及配合面只画一条线，两零件相邻但不接触仍画两条线（　　）。
② 装配图中不可以出现单个零件的视图表达（　　）。
③ 零件图的表达方法（如基本视图和剖视图等）不适用于装配图（　　）。
④ 装配图如果有标准件沿轴线被剖切到，应按剖视画法绘制（　　）。
⑤ 装配图的特殊画法主要包括规定画法、夸大画法、拆卸画法、沿接合面剖切（　　）。
⑥ 一张装配图的主要内容包括一组视图、尺寸标注、标题栏、技术要求（　　）。
⑦ 在装配图规定画法中规定相邻两个零件的剖面符号相反或方向相同但间隔不相等（　　）。
⑧ 装配图中对于零件上的倒角和圆角可以不必画出（　　）。
⑨ 装配图的序号顺序可以随意排列（　　）。
⑩ 装配图明细表在标题栏上方，填写顺序为小号在下，大号在上（　　）。

3) 以下是由装配图拆画的箱体零件图，图中有多处错误，在右侧画出正确的零件图，标注对应的尺寸。

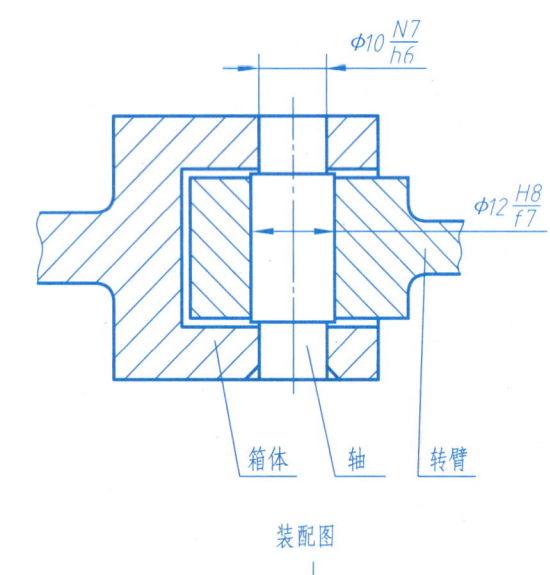

装配图

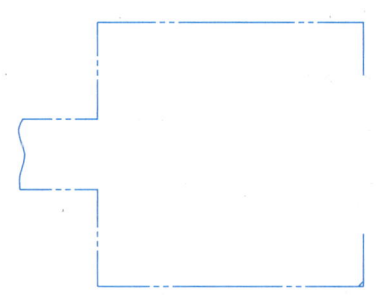

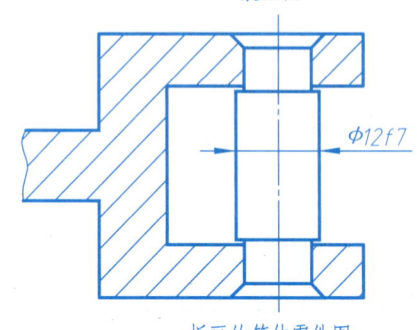

拆画的箱体零件图

第 9 章 装配图

班级_____ 姓名_____ 学号_____

9.5 装配图单元测验

4) 读装配图，完成下列各题。

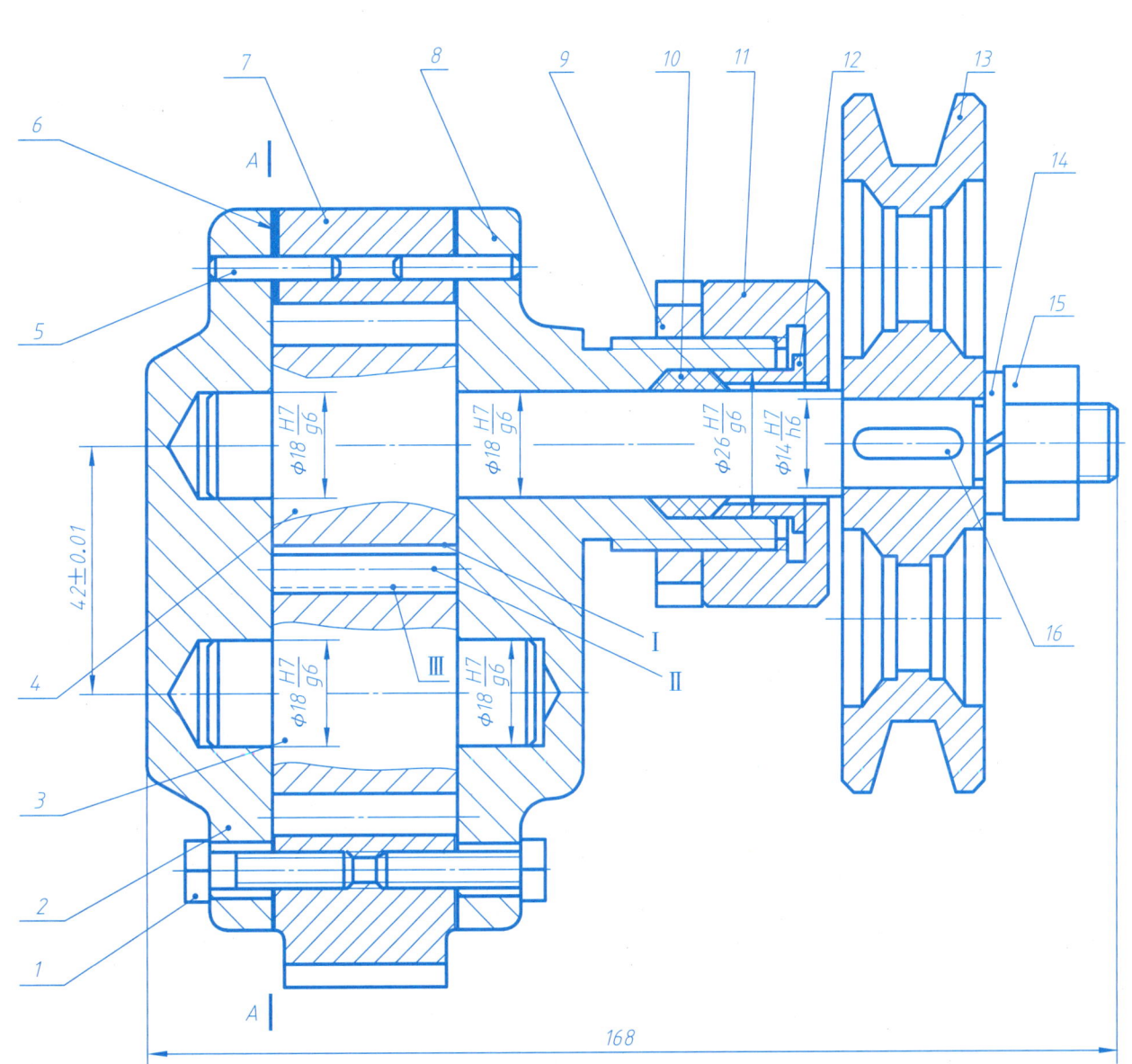

第 9 章 装配图

9.5 装配图单元测验

用分规从装配图中量取尺寸，按 1∶1 画出零件 2 左端盖的零件图。不注尺寸，B—B 主视图全剖（旋转剖），左视图画外形视图，填写标题栏。

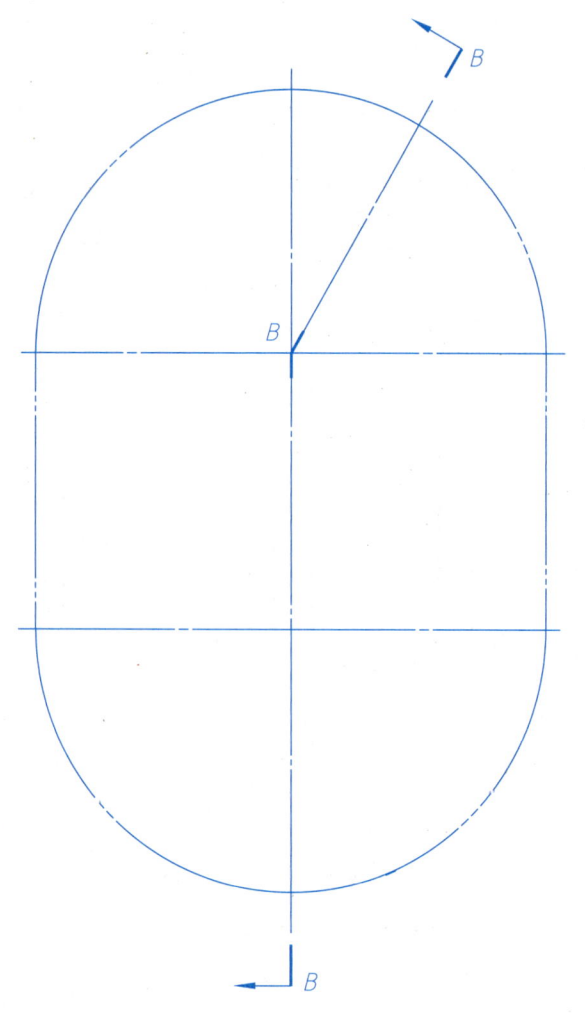

回答下列问题。

① 序号 13 零件的名称是_____，材料是_____。

② 主动齿轮轴的齿数 $z=14$，分度圆直径为 $\phi 42$，其模数 m 为_____。

③ 解释装配图主视图中Ⅰ、Ⅱ、Ⅲ图线的含义，Ⅰ线代表_____，Ⅱ线代表_____，Ⅲ线代表_____。

④ 装配图中属于标准件的件号有_____、_____等。

⑤ 图中尺寸属于安装尺寸的是_____、_____，属于装配尺寸的是_____、_____。

⑥ 尺寸 $\phi 26H7/g6$ 是件_____和件_____的_____配合尺寸，公称尺寸是_____，孔的标准公差等级是_____级。

⑦ 在装配图中件 5 的作用是_____。

第 10 章 AutoCAD 二维绘图

班级_____ 姓名_____ 学号_____

10.1 AutoCAD 绘图环境的设置

按如下要求设置绘图环境。

① 图层的颜色、线型、线宽等要求见表 10-1。
② 设置线型比例 LTS 为 0.5。
③ 绘制 A3 图纸，图纸大小及装订边可查阅国家标准。
④ 绘制如图 10-1 所示标题栏，其中图名用 7 号字，校名和图号用 10 号字，其余用 5 号字。
⑤ 设置文字样式，字体样式为仿宋，字宽为 0.7。
⑥ 设置标注样式。尺寸标注的参数要求如下：尺寸间距为 7；尺寸界线超出尺寸线为 2；起点偏移量为 0；箭头大小为 3；数字样式为 gbeitc.shx，字高为 3.5，宽度比为 0.8，倾斜角度为 0，数字位置从尺寸线偏移 1，其余参数应符合《机械制图》国家标准。
⑦ 存盘，文件名为"班级学号-姓名"。

表 10-1 图层的颜色、线型、线宽

层名	颜色	线型	线宽
粗实线	绿	Continuous	0.5
细实线	白	Continuous	0.18~0.25
虚线	黄	HIDDEN	0.18~0.25
中心线	红	CENTER	0.18~0.25

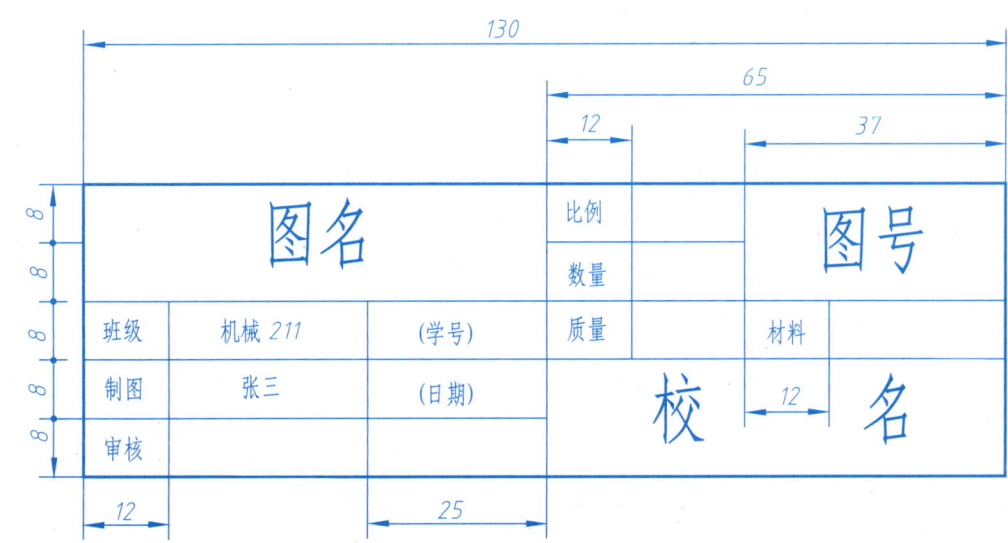

图 10-1 标题栏

10.2 绘制平面图形

1) 按 10.1 节要求设置绘图环境，在 A3 图纸内绘制如下平面图形。

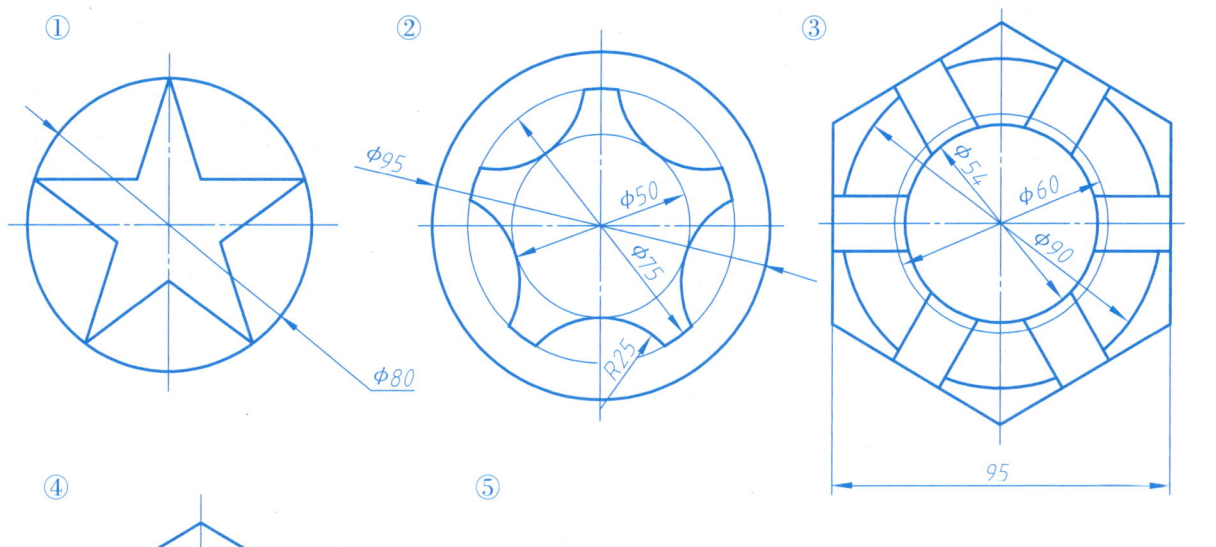

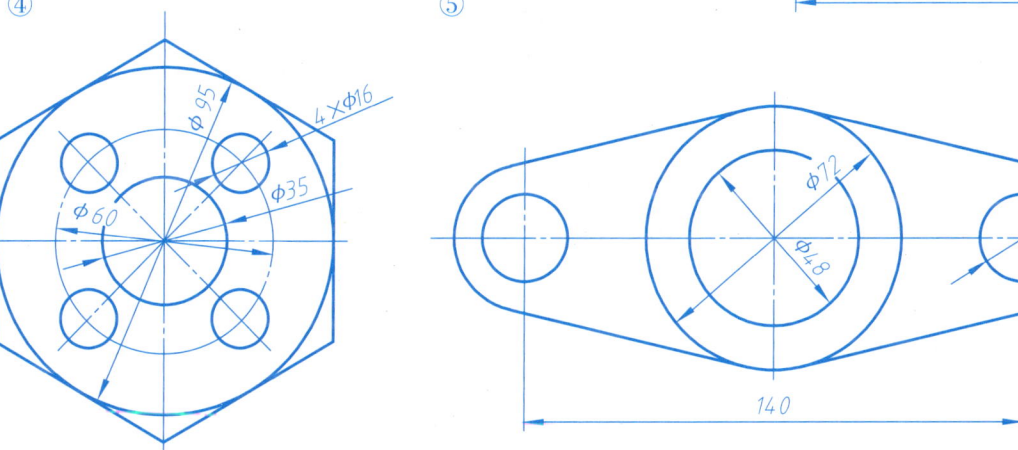

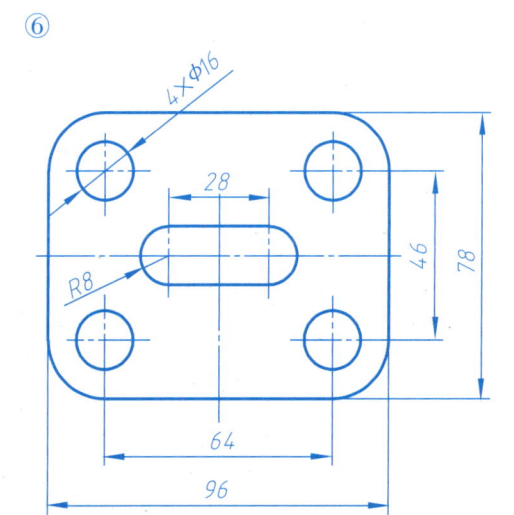

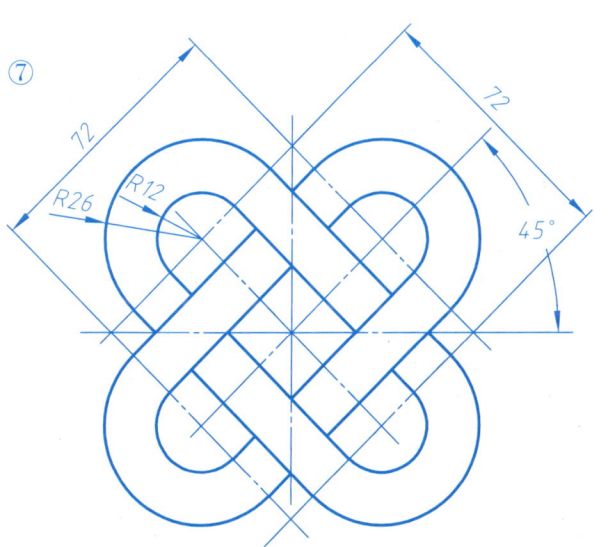

第 10 章 AutoCAD 二维绘图

班级_____ 姓名_____ 学号_____

10.2 绘制平面图形

2) 按 10.1 节要求设置绘图环境，分别在 A4 图纸内绘制如下两组平面图形。

①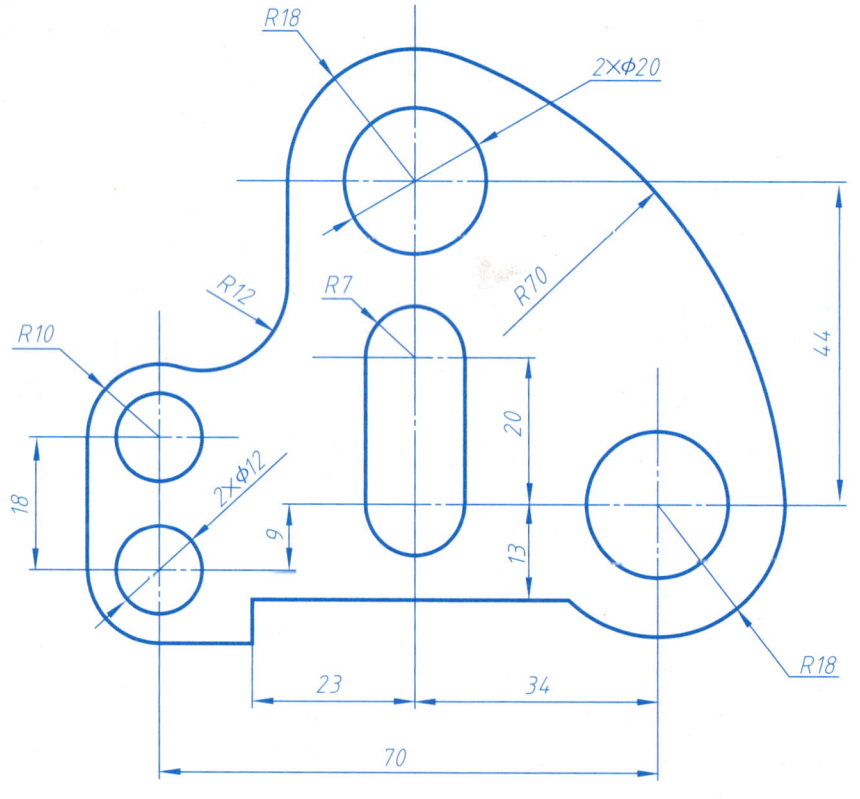

②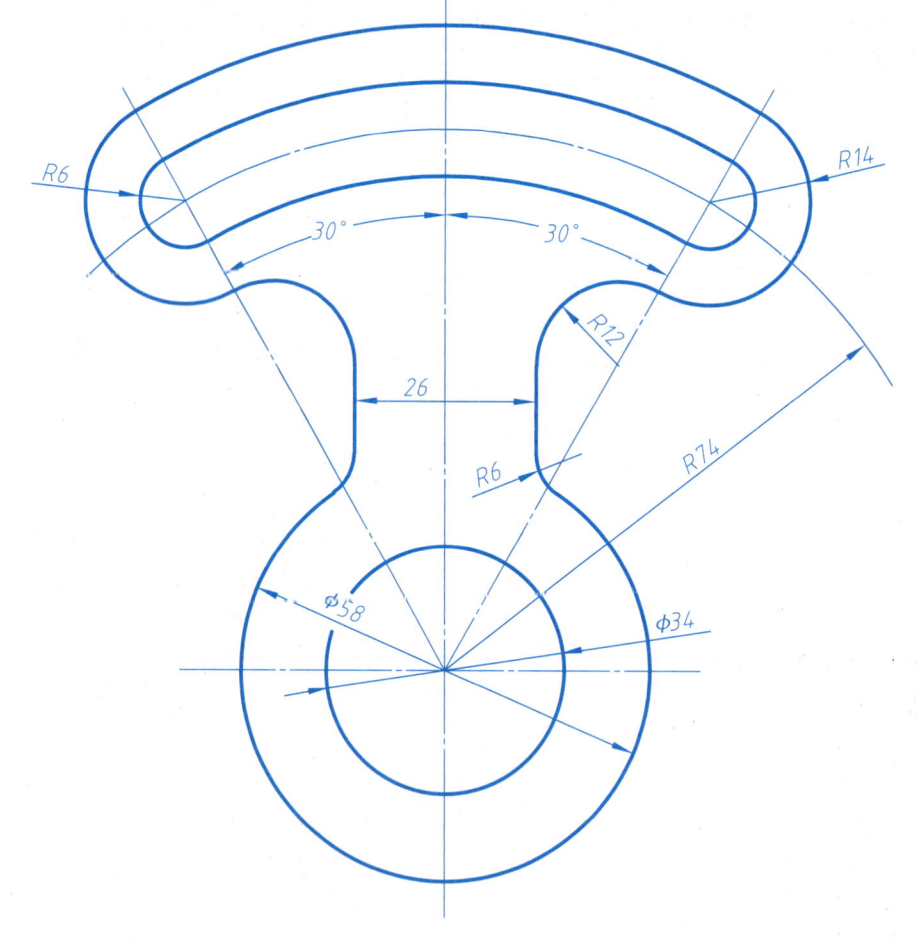